余生太短，
要和有趣的人
在一起

主编 麦子熟了

北京联合出版公司
Beijing United Publishing Co.,Ltd.

目录 *Contents*

目录
Contents

Part 1

有趣的事

有趣是最好的药剂：
面对同样一件事、同一个物品、同一处景点，
你了解得越多，看到的就一定越多。

梦想：
你需要有凌云志，
也要有脚下根

文 / 杨熹文

01

几个月前，我认识了一个新朋友朵拉。在我们结伴去另一个城市的路上，她和我说起要见面的一个男孩子。

她说："他是一个名副其实的富二代。"

在新西兰这片不停有中国年轻人落脚的土地上，从不缺富二代的故事；早就亲眼见过那些开着奔驰、宝马的男孩子，怀揣公司总裁的名片出入高级会所，背后则是家人的全力支持。

可是朵拉告诉我，"这个男孩和他们不一样，他是我见过最努力的富二代。"

三年前，他推掉父母安排的工作，来到新西兰，临走前，从父母那里借来六万块人民币，下定决心要靠自己生活。

他摘掉富二代的光环，以打工度假签证持有者的身份，在工厂做包装工作，在果园劳作，一度住在最便宜的出租房里，以白面包度日，从每天十几个小时的工资里攒下厚厚的积蓄，半年内就归还了欠父母的六万块。

一年后，他参加了澳洲的打工度假项目，寻求赚钱的机会，脚踏实地和擅于思考的品质让他迅速得到了比当地人还高的时薪。他依旧勤奋，从不满足于安逸的现状，一心寻求更好的发展。不久，他感觉到知识的作用，开始着手留学的事宜。

他立志要去英国的某所大学读硕士，回到新西兰后一边苦练英文，一边为学费做准备，常常忙到无暇顾及其他，背离了富二代所有的消遣。

这样的又一年过去后，他从"任性的公子哥"变成了"人人佩服的励志哥"，即将带走的除了丰富的从业经历，还有去英国读硕士的学费，以及那些从不懈奋斗中得来的信心和才能。

朵拉说："记得那个男孩经常这样讲，'读完书回国做公司，我要尽快开一家属于自己的公司'。"

那是一种不加掩饰却又特别认真的野心，令所有人都暗自佩服，不带半点怀疑和轻视。

想起有个长辈和我说过："一些人野心勃勃，颗粒无收；另一些人野心勃勃，却终获成功——世界上只有一种人可以成功，他们有凌云志，也有脚下根。"

02

在国外打第一份工的时候，我的心情总是不可抑制地陷入抑郁，我 23 岁才开始去远方谋出路，而遇到的同龄人大半都有了辉煌的成就。

他们有了自己的生意、房子和车子，而我是默默无名的打工妹，每天起早贪黑，走在那条看不到希望的路上。这些差距压迫着我，令我感觉自己生命中的努力迟到了，再没了爆发的机会。

那年是我生命里最惊慌的一年，每日工作结束后，我便迫不及待地为自己设定大大小小的目标——成为作家，成为企业家，拥有一栋房子。这些白日梦交替出现，可是第二天的自己依旧慌张。我觉得世界不公平，有太多人拥有一步登天的幸运。

某一天，我在超市遇见了一个开着奔驰来买菜的中年人。他看起来睿智稳重，自带一种文化与商业的高端气息，和我聊天时，他说起他正在举办的徒步活动，还给了我微博的地址。

我看着他开着奔驰离去，心里有种负面的感叹。后来加他微博，惊讶他粉丝的庞大数量，他的身份竟是某公司的创始人。

我花一个晚上翻遍了他所有的微博，试图搜索一些"一步登天"的痕迹，却看到他在微博上写下的一句话，大意是这样的："回忆起自己的打拼，从刚参加工作的二十几岁时便开始。每天结束学校的工作，再骑着自行车去校外为别人补课，晚上回到家中，路上已经没有了行人。那时生活清贫，对钱有一种不由分说的执着；但谁想到就是这种执着，带着我走向了后来的一切。"

那一瞬间我好像突然懂得了，没有一种光辉可以平白无故地来，也许所有人的成功不仅要有豪言壮志，也必须经过持久的坚持。

没有一种光辉可以平白无故地来，
也许所有人的成功不仅要有豪言壮志，
也必须经过持久的坚持。

03

后来的人生中，我遇见许多人，更加证实了这样的猜想。

从小觉得野心并非一件好事，但长大后愈发认识到，优秀的人从不掩饰自己的野心，但也必定以勤奋的努力相随。

曾经一起读书的朋友，是个十足的千金，毕业后自己开了一家茶庄，开始创业之路。旁人大多以为这是富二代打发时间的方式，可她立志成为业界女强人，把所有时间用来钻研生意，也不忘坚持提高自己，关心楼市与股票，做着多栖商人。

毕业几年后，她穿着优雅，座驾霸气，走在路上，举手投足已经有了女强人的模样。

几年前，在路上认识的一个姑娘，有次我们刚刚降落在奥克兰，她曾说过"要成为背包客舍的老板娘"。那时她的生活窘迫又辛苦，旁人都把这志向当作笑话，她偏偏在接下来的几年里，克服了种种艰辛，用非人的奔波拉近着现实与野心的距离。

我至今认为那是一个女孩所能拥有的最可爱的英雄主义精神，她从不介意被泼冷水，一心一意走着自己的路，从一无所有到积蓄厚实，终于有能力在今天实现梦想。

几年前遇到的那些有成就的同龄人，我以独自打拼的旁观者身份从他们的身上看到：**凡能在年轻时有所成就的人，必定怀有大志向，敢想敢做；再用上超出常人几倍的坚持，去抵御一切迎面的艰难。**

就连自己在一路摸爬滚打的过程里，我也从心里生出这样的感触：所有如今实现了的美好期待，没有什么不是从最初降落在异国时——起早贪黑的三份工，廉价的出租屋，深夜时的挑灯夜读——坚定无比的决心中得到的。

遥想四年前，我住在潮湿逼仄的出租房里，做着中餐馆里洗碗的工作，开一辆破到难堪的二手车，却期待成为一个很棒的人。而四年后，生活中的一切都翻了新，我住在房车里，成为一名作者，有了自己的生意，在异国有了落脚的资本，真的在成为一个越来越好的人。

而我始终知道，到底是什么力量，令我那么多不切实际的想象，都成了眼前如此踏实的幸福。

行动：
你自己的"下次"是哪次

文 / L先生

　　制订计划的重要性无须赘言，但是，我相信下面这些情况，你应该遇到过。设置好了最后期限，却总是等到前一天才开始动手；整理了一堆待办事项，却每天都看着它们在"过期"里面发呆；明明告诉自己，今天有一堆事情要做，到了晚上，却发现这一天什么都没干；终于开始干活了，却管不住自己的手，过一会儿就打开了知乎、微博、朋友圈……类似这样的问题，许多人都会遇到。经常会有人感慨：要是我的执行力能有规划能力的一半，早就把想做的事情都做成了。

我们的生活中有许多优秀的人才：90后的创业者、奥赛获奖者、年轻的企业高管、当红的创作者……其实，他们未必比你我聪明，也未必比你我勤奋，更多时候，他们只是自我管理的能力更强，以至于在同样的时间内，他们能做到的事情是别人的 2 ~ 3 倍，并且可以持续更长时间。

这并不是他们的专利，只要掌握一些思维模式，建立良好的习惯，你同样可以做到。

01

分解，再分解——你真的明白你要做什么吗

很多时候，我们的计划执行效率低，其实是一开始就出了问题——我们在制订计划的时候，并不真的明白自己想得到什么结果。

举个简单的例子，你制订的计划"每天健身一小时"和"每天用一小时，无氧运动四组，每组五分钟，再慢跑半小时"相比，明显后者更具体。你还可以列出每一组无氧运动的类型，如俯卧撑、深蹲……每一组应该做到多少下，等等。

简而言之，计划要分解到基本步骤，达到"看到计划，不

用动脑就能立刻执行”，才能起到真正的效果。

当你开始执行的时候，如果还要费劲去思考每组做多少下的问题，执行效率怎么可能高？如果还要登录网站或手机APP，临时去找做多少下效果最好——等你开始健身，估计已经消耗了不止 30 分钟。

不只是浪费时间，许多时候，正是这些无谓的操作步骤和思考过程，大大地降低了我们执行计划的动力。

简单来说，“思考”和“行动”，对大脑来说是两套截然不同的工作。当我们准备行动时，我们的大脑会为行动做好准备；这时，如果让“思考”横插一脚，就相当于被迫脱离了“行动”状态，重新回到“思考”状态，然后再调整回来。显然，这会大大影响我们的专注度。

好的计划应该是这样的：在规划阶段，做好详尽而细致的安排；执行时，无论处于什么情况，都可以立刻着手操作，无须再进行任何思考。这样才能确保每次执行的高效。

我们总是很容易感到焦虑。其实，焦虑是怎么来的？简单来说，源于对预期的不确定，而自己又没有办法可以减少这种不确定，这才导致了焦虑。

你有没有过这样的体验：在执行计划的时候，总是容易走神，担心自己做不好，无缘无故出错，走弯路，拖延太多时间，诸如此类。这些都是焦虑的体现。如果放任这些念头不管，它们就会对整个执行过程造成干扰。

最好的解决办法就是在规划的时候，把一切都准备好。这样，等到执行时，就可以直接行动，不需要再进行思考、分析、安排，也就大大减少了让自己产生焦虑和杂念的机会，变得更加专注。

所以，下一次在制订计划的时候，可以这样检测一下：你的计划够不够明确？具体到每一个详细步骤了吗？每一次执行可以重复，还是要重新设置？如果遇到问题可以怎么做？把这些都考虑好，做出详细的描述，写下来，或者牢牢记在脑子里。这才是一个真正有可行性的计划。

02

触手可及——离你的目标再近一些

有时候，对于一些重复性的任务，我们都很难坚持下去。

很多人的想法，是利用意志力强迫自己坚持执行。这的确是一种方法，但往往效果不佳。因为会伴随着产生厌烦和抵抗情绪，最终的结果就是将你对这件事情的兴趣消磨殆尽。

更好的方式，是顺应自己的情绪和状态，同时营造一个良好的环境：当你产生意愿时，可以毫无阻力，立刻着手去行动。

做任何一件事情，我们都会有动力和阻力。我们实现它的意愿越强，动力就越大；需要的操作步骤、付出的时间精力越多，阻力就越大。当阻力超过动力，我们就很容易裹足不前。在这种情况下，即使用意志力强迫自己去完成，也多半会降低执行的效率和意义。

然而，我们对一件事情的兴趣并不会一成不变。每个人都有过这样的体验，心情好的时候，做什么事情都觉得有干劲；心情不好的时候，平时热衷的活动也会提不起精神。

所以，尽最大可能减少阻力是一种较好的方法，以期当我们的状态位于高点时，可以用最短的路径进入状态。

简单来说，当你做好计划之后，想一想，按照计划操作时，需要经过怎样的步骤，需要用到什么材料？这其中，有哪些步骤可以提前准备好，哪些材料可以放在最容易拿到的地方？尽量在规划时就把这部分工作搞定。这样一来，当你准备行动的时候，你随手就可以拿到需要的东西，立刻开工，杜绝一切不必要的拖延和低效。

很多时候，阻止我们去行动的因素其实并不是目标有多困难、多烦琐，而是你没有做好准备而已。人往往会有这么一种现象：一件事情需要的步骤越多，我们愿意去行动的动力就会大大降低——即使每一步可能都非常简单。

比如，如果你突然想去跑步，但跑鞋、运动服、腰包都在衣柜里，你需要打开衣柜，从旧衣服里把它们翻出来，是不是就感觉没那么有动力了？如果它们就挂在门口的衣架上，吸引着你的视线，结果是不是会完全不一样？

寻找灵感的时候，我一般会这样：按 home 键指纹解锁——长按 dock 栏的笔记 APP——新建笔记——输入，这一套流程下来不会超过五秒钟。任何时候脑海中产生了一闪念的火花，我都会立刻把它们记下来，过后再慢慢整理。如果我稍微迟缓一下，拖半分钟、一分钟，很可能就会懒得把它们捕捉下来了。

如果你喜欢读书，你就应该把书放在触手可及的地方，随时可以抓起一本来看；如果你想锻炼写作，就找一个运行最流畅的软件，放在电脑或者手机桌面最显眼的位置。不要小看这几秒钟，很多时候，正是这不起眼的几秒钟，就可以让"下次吧"这么简单的念头乘虚而入；而反复的"下次"积累起来，就是质的区别。

所以，简化一切操作步骤，让自己可以第一时间、下意识地进行行动，是培养良好习惯最核心的方法。

03

问自己一个问题，再试着解决它

"问题导向"是我在工作中，经常向团队伙伴普及的一种思维方式。其实，不仅仅在工作中，在日常计划的执行上，同样十分有用。

如果你的计划是学习一个新领域，但却不知道从何入手，那么，给自己设立一个问题，再试着想办法搞懂它，这是一个行之有效的方法。

比如，你计划在三个月内初步弄懂西方艺术史，但是你对此一无所知，怎么入手呢？如果从最基本的通史和概论翻起，也许很容易就会失去兴趣，难以坚持下去。这个时候，你可以根据自己的兴趣，设定几个问题：如何正确地鉴赏一幅画？印象派的历史、风格、特点和地位是什么？什么是现代艺术和后现代艺术？

以兴趣为原则，提出问题之后，再去请教别人，搜索资料，进行对比阅读，提炼观点，最后归纳整理，试着给出一个自己的回答。

在这个过程中，你势必会碰到许多不理解的名词和术语，尽力去把它们弄懂。由于有一个问题作为引导，而这个问题又是自己感兴趣的，那么，你的兴趣会被一直调动着，也会有更大的动力去攻克这些疑难。

当你解决了这个问题之后，你会发现，你通过弄懂这个问题，实际上揭开了整个西方艺术史的一部分——尽管可能只是很小的一部分，但也足够使你打下根基了。

无论学习什么领域，这个方法都是适用的。

同样，在工作和能力提升上，你也可以不断地向自己发问：这样的流程规范吗？这样的操作高效吗？这样的解决方案合理吗？有没有更好的可能性？这样的结论全面吗？有没有反例，有没有特殊例子？……

这个做法的原理，其实本质上跟前两步是一样的：就是将抽象、宽泛的计划，变得具体、明确，可以落地。并且，不是用意志力去强迫自己执行，而是利用好奇心和自己的内在驱动力，推动自己向目标前进。这样一来，执行效率和续航能力都会得到极大提升。

在这个过程中，最忌讳的就是心气太高。不用着急，慢慢来，循序渐进。一旦制订好了计划，就不要轻易地去变动它。

采用问题导向的思路，根据问题来组织目标，制订规划，你会发现，原本觉得难以入手的计划，突然就变得简单友好了许多。

04

先设立一个小目标，然后完成它

不可否认，人就是贪图享乐的生物。所以，不要抱着用意志力去攻克障碍的想法，这对人的要求太高；并且，也不是一种能够持久的做法。

更好的方式是利用我们自己的大脑机制，通过一些方法，让自己对"执行计划"这件事情产生兴趣，愿意主动地

不要太在意外界的影响，
重要的，是直问自己的内心：
我想成为一个什么样的人？
对我来说，什么才是最重要的？

去执行。

我们对工作产生兴趣，并且乐在其中的动力并不是工资，工资只是一个"保健因素"：它可以使我们不讨厌工作，但没法使我们热爱工作。真正使我们对工作产生热情的是成就感。

成就感就是你通过努力，克服障碍，完成一个目标之后的愉悦感。它的要素有两个：一是需要付出一定的艰辛和努力，二是付出努力之后会得到预期的成果。成就感会让你强化自己的存在感，体会到自身的价值和意义。因此，对我们的大脑来说，成就感是最有效率的一种激励方式。

如果你的目标过大，计划过于长远，那么很容易令人产生畏惧和抗拒，因为会有一种"再怎么做也望不到头"的不确定感，从而产生焦虑。这个时候，你可以试着把计划分解成一个个小目标。目标之间环环相扣、彼此递进，完成一个小目标后，就激活下一个小目标，继续攻克它。

这样一来，每次完成一个小目标，都是对自己的一个正反馈。它会激活大脑的"奖赏系统"，从而使我们充满动力和热情。

学过编程的朋友都知道，任何一个编程的教程，都不会机械地向你灌输代码知识，而是通过一个个实际案例：这周完成一个简单的小程序，下周加上一个功能，下下周实现更复杂的功能，下下下周再把 UI 加以完善……直至程序全部实现，这些知识也就牢牢地烙印在了你的记忆里。

这就是利用"成就感"和"目标"的机制，不断地催发我们对执行计划的兴趣和热情。每一个新功能的实现，既是一个小目标的完成，又让我们获得了充盈的成就感，从而产生强烈的想进一步探索的渴望。

这些小目标应该满足三个条件：1. 把每个小目标设定在自己适应的水平上；2. 目标的难度，应该是稍稍高于你的正常能力；3. 目标之间应该是有关联的，最好是依次递进的，前一个小目标是后一个小目标的基础，并在这个基础上，难度稍稍提升一点。

05

内在驱动力：这真的是我想做的事情吗

其实，说了这么多，都只是一些方法。起关键作用的，还是你自己对计划的态度：这真的是你完全接受、发自内心想去做的事情吗？

如果你完成这些计划，只是为了获得他人的认可，或者是为了工作需要，而你自己并不十分认同，那么，效果很可能并不太令人满意。因为无论你采用什么样的方式，最有效的内在驱动力都是你自己的渴望。只有你真正觉得有意义的事情，你才会有更大的动力去完成。

所以，找到自己的兴趣点，以此为基础设定目标、制订计划，并且在其中找到长远的意义，这才是提高执行力最好的方法。

不要太在意外界的影响，重要的，是直问自己的内心：我想成为一个什么样的人？对我来说，什么才是最重要的？

掌控：
你可以比想象中更能把握人生

文 / *游游*

　　我们以前常听到一句话："时间就是金钱。"不过，显然很多人已经知道，时间不只是金钱，还大于金钱。

　　时间之所以比金钱更值钱，不仅因为它是有限的稀缺资源，也不仅是因为你永远留不住它，而是只要你能正确利用时间，时间就能让你的钱生钱。

　　不过，在互联网时代，似乎还有一种比时间影响更显著的因素在时刻左右着我们的有效产出，那就是注意力。

　　就拿写文章这件事儿来说吧。如果正值自己灵感迸发，文思如泉涌，兴奋敲击键盘的时候，朋友一个电话打过来："咱们的晚餐要约在哪家餐厅呀？"我可能只花一两分钟就能与她确定好晚餐的方案。可是，挂了电话，回过头来，之前想好的一大段文字都忘了，灵感再也无法顺利对接上。为了捕捉回刚才的思路，我不得不从头将文章浏览了一遍又一遍，试图找回刚才写作时的情境。

短短一两分钟电话的中断，却可能白白浪费我半个小时甚至更长的时间，重新将注意力恢复到先前的创作状态，这与被打断时间的长短无关。

在拥有不同文化、信仰、生活方式，知识融合的地方，人们不必花费太多的时间就可以获得新知识和新观念，多种思维方式的联结使得这些地方容易爆发出无穷的创造力。这也是为什么公元前 5 世纪的希腊、15 世纪的佛罗伦萨以及 19 世纪的巴黎能成为创造力中心的原因。而在步调一致、观念陈旧、文化单一的地方，为了获得新的思维方式，人们需要投入更多的注意力才行。

互联网的高速发展，带来了买方与卖方、供应商与客户间界限的模糊，信息呈现出全球性生产过剩的趋势，更加剧了注意力资源的严重稀缺。诺贝尔奖获得者赫伯特·西蒙在对当今经济发展趋势进行预测时就曾指出："随着信息的发展，有价值的不是信息，而是注意力。"而著名跨领域经济学家陈云博士则认为："未来30年谁把握了注意力，谁将掌控未来的财富。"

注意力的潜在价值带动了"注意力经济"，使之成为当下热门的商业模式。各类社交软件、娱乐、游戏、广告、新闻无不试图争抢我们宝贵的注意力资源，我们也正遭受着前所未有的信息轰炸。打开手机，有太多新颖有趣却又无关紧要的内容在诱惑着我们，而这些碎片化的信息将我们的注意力分割成了碎片。越来越庞大的信息量使得我们在搜寻目标知识的同时，徒增辨别信息优劣真伪所需的注意力损耗。我们正面临着巨大挑战。

那么，我们怎样保护我们的注意力不流失，怎样合理分配我们的注意力，以及怎样更好地专注于更有价值的事情上呢？

01

打造隔离的环境

如果周围环境很嘈杂，最简单的方式就是关上门，直接制造一个隔离的环境屏蔽外界的干扰。这大概是我们最先能想到和最常用到的方式了吧！

关上门可以帮助我们暂时阻挡周围令人不快的噪音。不过，在信息嘈杂充斥的社会环境中，我们该如何打造隔离的空间呢？

斯坦福大学的哈索普莱特纳设计学院有一个名为"黑色隔间"的隐藏空间。这个空间不过是一间小屋子，没有窗户，完全隔音，有意地去除了一切会分散注意力的因素，且故意设计得只能容纳下 1 ~ 3 个人。在这样一个空间里，人们得以暂时抛却生活中的各种忙碌、欲望、纷扰，唯一能做的就是思考。在这里，你需要重新拨开生活中干扰视线的云雾，重新正视生命的主线，聚焦于对关键问题的思考，让自己看得更清楚。

当一个人能够分清什么是重要的、什么是次要的时候，也就更能避免将注意力浪费在不重要的事情上了。

02

设置你的个性化模式

说到个性化模式，最耳熟能详的例子莫过于苹果公司创始人史蒂夫·乔布斯和脸书（Facebook）的创始人马克·扎克伯格了。

每次登台亮相，乔布斯永远是一身黑色高领毛衣、牛仔裤，再加上一双 New Balance 运动鞋的固定搭配。他说，三宅一生为他制作了一百件黑色高领羊毛衫，够他穿一辈子的了。

而马克·扎克伯格的标配则是黑色休闲外套或灰色 T 恤，配上牛仔裤。他在接受采访时说，他的衣橱里有 20 件同样的灰色 T 恤，"我真的很幸运，每天醒来都能为全球逾 10 亿用户服务。如果我把精力花在一些愚蠢、轻率的事情上，我会觉得我没有做好我的工作"。

两位科技界的大佬有着同样的共识：将注意力放在最重要的事情上，而不必浪费在思考每天穿什么衣服这种小事上。

曾获诺贝尔文学奖提名的日本唯美派文学大师谷崎润一郎在待客上拥有自己的一套准则。

他在自己的随笔集《阴翳礼赞》的《厌客》一章中就提到，自己当时年事渐高，也不知道将来能活多少年，自己预估好的工作量或许在剩余的时间里都很难完成。为了不打乱自己的预定计划，不给自己添麻烦，于是他交代家人和女佣，碰到有人来访，就以"主人在家，但是没有介绍信不接待"的方式

拒绝成为注意力的奴隶，
我们可以比想象中更能把握人生。

来应对到访者。这是他的铁则，严格奉行到底。有了这个规矩，随意前来的客人便不会再啰唆半句，知趣而退。而他的朋友们了解他的用意，也绝不会给难以纠缠的客人写推荐信了。

"心流"理论的提出者米哈里·希斯赞特米哈伊就曾采访过近百位富有创造力的杰出人士，他们都在各自的领域做出了伟大的贡献。从大量的访谈记录中，他发现了一个现象：大多数富有创造力的人很早就发现了自己最好的生活节奏，比如什么时候睡觉、吃饭和工作。而且他们会严格遵守这种节奏，即使受到其他事情的诱惑也不会轻易改变。

分清主次，将不重要的事情模式化，不仅能让我们不至于因为过多的日常事务分散注意力，更专心致志地做重要的事情，说不定还能因此成为自己个性化的标签，就像乔布斯与扎克伯格两人的穿衣风格和谷崎润一郎大师的待客之道一样。

03

化注意力为直觉

还记得刚开始学用电脑的时候，每次打字，我们都得先在键盘上将字母的位置一个个确认好，然后再逐个儿慢慢地敲打出来，并且还得时不时抬头盯着屏幕确认是否输入准确。然后按下空格键，看着输入法框框选定我们真正想要的字。然后，再用同样的方式重复输入下一个字、下一个词。

刚开始打字，要敲出一行字都得费个九牛二虎之力。随着不断地练习，我们的视线逐渐可以脱离键盘了，只要看着屏幕，十个手指头就能自然定位在键盘的按键上，脑袋里想要写下什么，双手就能流畅自如地把它们呈现在眼前。我们不再觉得打字是件麻烦的事情，转而可以将自己的注意力放在文本更多的细节上，比如这段话的内容是不是不够精彩，文法是不是有错误，字号和颜色是不是不够突出，字体是不是不够正式，等等。总之，打字已经变成一件不费吹灰之力的事情，变成我们应用电脑其他程序的标配了。

在《学习之道》中，身为美国象棋大师和太极推手大师的作者维茨金形容这个从生疏到熟练的过程为"用数字摆脱数字""用形式摆脱形式"。在书中，维茨金就国际象棋的学习过程有一段很精彩的描述：

"所有的棋手都清楚地明白一点，棋子在数量上是相等的。象和马都等于三个兵，车等于五个兵，后等于九个兵。初学者会用手指或者在心里默默地计算它们之间数量上的变化。但用不了多久，他们就不会再数了。这些棋子会构成一个流动性和完整性更强的体系。它们在棋盘上移动，就如同军队在战地行军作战一样。以前被认为是数学方面的难题，现在都成了一种直觉。"

由此可见，维茨金所说的"用数字摆脱数字""用形式摆脱形式"就是先熟练运用数字再摆脱数字，先熟悉形式再摆脱形式的方法。就如禅语所说的，看山是山、看山不是山、看山还是山的过程。

这个过程需要我们先从大量的基础练习开始，不断熟练，直至技巧内化成直觉，让直觉帮助你自动完成这件事情。之后，我们便能释放出这部分注意力，转而去关注更重要、更远大的局面。这也是人能不断进步的原因。

04

适度的噪声

完完全全的安静有时并不能如愿让我们进入百分百的高度集中状态。

《反脆弱》一书的作者塔勒布就认为，有一点点背景噪声的地方能更好地集中精力，就好像对抗这些噪声的行为可以帮助我们集中注意力。他提到，演讲的时候最好轻声细语，而不是声嘶力竭。就像黑手党老大一样，最沉默寡言的那一个才是最可怕的。

演讲时适当降低一点音量，使得听众为了听清必须稍稍费点儿劲才行，这样反倒促使他们必须集中精力，不得分心，更加投入地聆听演讲者所说的内容。同理，稍稍需要费点儿心思才能理解的文章，阅读者必须加以思考琢磨，反而促进了他们意识上的主动参与。参与感增强了，读者也就更乐于融入作者所设置的情境当中，就越能够品出其中真味。

同样地，不少作家喜欢坐在咖啡馆里写作，而他们选择咖啡馆的目的正是为了"躲避干扰"。这就像是利用咖啡馆的背景噪声为自己与外界隔离一道虚拟的墙一样。还有不少人喜欢伴着海浪声、森林里的鸟叫虫鸣或轻柔的音乐入睡，就是为了能更快地入眠，睡得更香。

当然，一定要把握好背景噪声的限度，有些时候过犹不及。

朝九晚五的工作，从表面上看是公司购买了我们八个小时的时间，但其中还有很多可以任由我们支配的东西，注意

力就是其中之一。假如我们能够培养起迅速集中注意力的好
习惯，每次都能很快地进入工作的最佳状态，那我们就能尽
可能快速地完成任务，并且还能提升任务的完成质量，甚至
超额完成指标。除此之外，我们还可以利用剩余的时间投入
自我学习中，提高业务水平的同时，也加快了自我成长的进
程。何乐而不为呢？

**当我们真正能够减少常规事务所占用的时间时，我们无形
中便是在"创造时间"了。**创造时间，这里当然不是指能将一
天的 24 个小时变成 25 个小时，也并非表示你能够延长自己
的寿命。而是，每一次注意力的高度集中为我们节省下的若干
个小时，哪怕只是若干分钟，花在陪伴家人上，便是在为亲情
的滋养创造时间；花在运动健身上，便是在为身体的保养创造
时间；花在阅读观影上，便是在为心灵的成长创造时间……即
便是被用于彻底地放空，也是在为这种奢侈的挥霍创造时间。

拒绝成为注意力的奴隶，我们可以比想象中更能把握
人生。

价值：
挣钱之前，
先让自己变得值钱

文 / 阿何

01

记得刚打工那两年，最喜欢干的事情之一就是和同学、朋友比较收入。大家都是年轻人，大多数都没有谈恋爱，所有几乎每个星期都会出来聚餐。

当然，像"你在 ×× 单位干一个月能拿多少钱"这么露骨的话是很少说的，我们的方式要稍微委婉一些，比如会先倒一下苦水"好郁闷啊，别人都觉得我们公司待遇好，自己进去了才知道完全不是这么一回事。辛辛苦苦干一个月还拿不到5000块钱，都快活不下去了……"然后再来一句："你们那里应该好很多吧？"然后对方又进入倒苦水模式。

虽说这类型的谈话都是在嘻嘻哈哈中进行的，但暗地里的互相比较还是有的。人本质上是一种非常善于攀比的社会性动物，读书的时候比谁的成绩好、考的大学好，进入社会后更加干脆，收入多少直接成为衡量个人成就大小的唯一标准。特别是对于一些成绩不好的同学来说，工作相当于给了他们一个"再次证明自己"的机会，无不憋了一口气要混出模样来。

中国的应试教育搞了很多年，很多人都形成了"成绩代表能力"的价值观，并且把这种价值观从学校带到了社会。坦白地讲，就我身边朋友的情况来看，读书好坏和赚钱能力的强弱是完全不沾边的，甚至从某种角度看是反比关系。

比如说，我毕业后第一份工作是在中国移动做项目管理，那个时候移动还是一家效益非常好的公司，也是无数应届生挤破头都要挤进去的企业。印象非常深刻的是，移动2007年北京地区招聘的时候，直接租了北京一家五星级酒店两层楼，专门用来面试，并且只面向清华、北大、人大三所学校的毕业生。

面试和笔试环节加起来总共七八轮，淘汰率之高令人咋舌。

这样一份令无数人羡慕的工作，实际收入有多高呢？我工作的第一年，每个月扣除五险一金之后拿到手的钱只有三千多元；第二年稍微好一点，但也就五六千。

与此形成鲜明对比的是，我的很多同学进的要么是小型民营企业，要么自己闯荡做生意。如果单论生活质量和稳定程度，自然远远比不上我，但熬过最初的艰辛之后，收入很快实现反超。当我们这批人在移动还在为每个月多几百块的奖金绞尽脑汁拼绩效的时候，人家早已经实现月入过万了。

这种"学历和收入倒挂"的现象并不鲜见，我还专门拿自己的大学同学和高中同学做样本，做过详细的分析，发现大学同学的平均收入居然还不如高中同学。正好那段时间社会上也流行"读书无用论"，认为中国的应试教育只会培养出高分低能的书呆子，只有社会才能真实反映一个人的能力。身边很多过去学校里的"天之骄子"压力山大，觉得在周围人面前抬不起头来。

只是，事实真的如此吗？至少我是不相信的。

02

　　我曾经认真分析过产生这种现象的原因，发现下面两个因素至关重要：

　　首先，成绩和学校越好的学生，找到好工作的概率越高。但是，大部分人判断一份工作好坏的标准仍然延续了我们父母辈的价值观：企业知名度、规模大小以及收入的稳定程度是最核心的评判标准。所以，越是名牌大学出来的，进入政府机关、企事业单位或者大型企业的概率就越高，从事的岗位也往往是管理培训生、项目管理、技术研发之类的岗位。相反，成绩稍微差一点的，往往去的是民营企业、小型企业，从事的往往也是销售、业务岗位。

　　其次，越是成绩好的学生，跳槽概率越小。因为成绩好，所以容易进入大企业。进入大企业之后，即便拿到手的收入不高，但福利大多都不错。要跳槽的话，机会成本太高，顾及的因素太多，很难下定决心。同时，成绩好的学生在学校的时候大多顺风顺水，比较少经历挫折，心理也比较脆弱，做重大决策时候的魄力往往偏弱。

　　正因为这两个因素，导致"高分低收入"成为普遍现象。

身为螺丝钉，就要有螺丝钉的觉悟。最怕的就是，
既向往大企业的稳定，又羡慕小企业或者创业的高收入，
却从不思考自己凭什么啥都想要。

这个现象的出现，和中国的应试教育无关，也不是说成绩好的人一定"高分低能"，只能说是中国社会企业特质造成的特有现象。明白了这个道理，就能指导我们如何快速提高自己的收入。

03

我认为，不管打工也好，自己创业也好，决定收入的核心因素有两个：一个是你能创造多大的价值（有多高的不可取代性），另一个是你所处环境的利益分配机制。

为什么很多在外界看来很好的大企业工作的人，实际收入并没有人们想象得那么高呢？主要原因在于，大企业往往企业架构、运作机制已经非常完善，即便能力再高，进去的前几年你也只能充当螺丝钉的角色。既然是螺丝钉，就意味着你在这个庞大机构中发挥的作用是极其有限的，你的可取代性也是很高的，这就在本质上决定了你不可能获得很高的收入。相反，如果你去一家小型企业，担任的是为企业直接创造价值的核心岗位，只要能做出成绩，便有很大的机会获得高收入。

此外，利益分配机制也是影响收入的决定性因素。大型企业，如果是国企，创造的效益首先是对国家负责，其次才是对员工负责。即便归属员工部分的利润，往往也是按照入职时间长短、职位高低进行分配；如果是上市企业，首先对股东负责，然后才对员工负责。即便你在其中创造了很大的价值，也必须按照这样的分配原则享受到部分利益。但是对小型企业而言，为了留住核心人才，必须让他们直接享受到企业发展带来的收益，所以核心人员的收入往往远超大型企业。

所以在大型企业，收入的增长主要靠熬。工龄的增长和资历的增加，成为收入增长的第一推动力。而在小型企业，收入的增长主要靠干，干出业绩，帮企业创造价值，跟时间的关系反而没那么大。

毕业前几年，在大型企业工作的人往往收入不如在小型企业工作的人。但是再过几年，情况又会发生变化。如果真的有能力，是金子总会发光的。这些人要么在大型企业开始成为骨干，要么被其他企业以高薪挖走，人生开始华丽的逆袭。而能力欠缺或者不上不下的，便只能一辈子"享受"一份稳定却没有想象力的收入，寄希望于下一代。而在小型企业工作的人也类似，如果能力不够，连稳定都成为奢望。而有能力又有野心的，大多开始自己创业，开始新的奋斗历程。

04

如果你也是刚毕业几年，对自己的收入不满意，如何去改变困境呢？

假设你所处的环境利益分配机制极不公平，建议你尽快换工作。如果不是这种情况，请多找找自身的原因。

身处大企业，在享受稳定和福利的同时，接受大企业的收入分配制度是你需要付出的代价。你能做的，只能是一方面熬资历，一方面尽快让自己进入核心部门，从事核心工作，让自己变得不可取代。

身处小企业，你要思考自己到底为老板创造了多少利润。要相信老板一定比你聪明，能把企业做好的人，一定会给你一个和你价值相匹配的价格。

要知道，你的价格取决于你的价值。**身为螺丝钉，就要有螺丝钉的觉悟。**最怕的就是，既向往大企业的稳定，又羡慕小企业或者创业的高收入，却从不思考自己凭什么啥都想要。

勇气：
越勇敢，越幸运

文 / 许戚

　　我们的人生是由一个个决定构成的；我们所做的每一个决定，都在塑造我们的未来。每个人或多或少都会为如何做决定而苦恼，尤其是想做出"正确的决定"的时候。

　　对于已经毕业工作几年的朋友来说，好多人都面临着要不要跳槽的抉择。跳槽的目的无非是升职加薪，或者是尝试新的领域。改变需要勇气，做出跳槽的决定并不容易。如果你还肩负着家庭和生活的压力，比如要还房贷、车贷，面对着周围人的阻挠——父母的期待、朋友的劝阻……

你要想清楚一点：改变能带来什么是不确定的，而将失去什么则是清晰可见的。难怪在选择的紧要关头，好多人都会犹豫和退缩。他们常挂在嘴边的话就是："我还没准备好。""我想等等看。""我希望将来可以。"……

01

生活其实有另一种可能

涉及要不要做、要不要试试、要不要改变的问题，大多数人都会选择"不"。好多人，宁愿忍受眼前的不开心，也不敢面对改变带来的不确定。

就像工作，即使不满意，好多人也迟迟不行动，不敢轻易去改变。他们每天在闹铃中挣扎着起床，机械地上班、下班，终其一生，从未在工作中感受到成就感。

他们每天都在安慰自己说"这是最后一天"，殊不知"明日复明日，明日何其多"，以至于蹉跎一生、遗憾一世。

比如，有个同学，犹豫要不要从国企跳出来，去尝试一下销售行业。跳出国企，意味着告别稳定的工作和熟悉的环境；做销售，意味着经常出差、加班以及未知的人际关系，但也意味着更多的可能……

虽然，他也有点厌倦朝九晚五、一成不变的生活，想要尝试有挑战性的销售工作，但未来的不确定性，让他感到恐惧和不安。

其实，生活或许还有另一种可能。即使失败，即使一无所有，也好过一辈子活得无趣却又不甘心。

如果不去改变，不去追寻让自己充满热情的东西，只是混混日子、得过且过，等到老了以后，躺在床上，你会不会感到遗憾和后悔？

02

问一问自己到底想要什么

对于人生，每个人其实都是充满疑惑的，绝大多数人都不知道自己想要什么。好多人想明白了自己想要什么，却安慰自己说"不可能"；或许是败给了现实，或者是不敢去尝试。

他们忙着说服自己安于现状，"生活不就这样吗，不过是工作赚钱、养家糊口罢了。"但是，夜深人静的时候，当昔日的梦想涌向心头时，内心却满是痛苦和无奈。

其实，"人生的意义"这类问题本来就很虚幻，"想要什么"这个问题也很模糊，以至于许多人不知道如何寻找答案。

人生是一段旅程，寻找人生的意义，不如追求活着的经历。尽情享受人生，活得开心快乐才是最重要的。所以，想一想自己想要什么样的生活，什么样的工作能让你充满激情？

即使不知道自己想要什么，如果你已经对现状厌倦至极，那就尝试着去改变吧，去体验不一样的人生。或许，那些改变并不会带来什么风险，只会让你的人生发生巨大的变化而已。

在行动之前，先问问自己这几个问题：

1. 现在的生活是你理想的生活吗？如果不是，那你到底想要什么？

2. 现在的你真的快乐吗？如果不是，是什么让你不快乐？

3. 你想要更自由、更美好的生活吗？如果想，那应该怎么做？

03

通过提问和行动来消除恐惧

大多数人都喜欢待在舒适区内，改变带来的不确定性和失败的可能会让他们感到不安，以至于不断推迟行动的日期。

其实，消除恐惧的最好办法就是去定义它。当你把选择之后的利弊和结果量化之后，你会发现改变或许并没有那么难。尝试着问自己以下几个问题：

1. 这些改变带来的最坏后果是什么？

当你需要做出改变时，那些浮现在你脑海里的疑虑和恐惧是什么？这些改变会带来哪些后果？最差的后果发生的可能性有多大？

如果最坏的结果你都能接受，那还有什么好害怕的呢？勇敢地去尝试吧！

2. 这些改变造成的结果是可逆的吗？

这些后果真的是终生的吗？如果你发现不对，还可以让事情恢复到以前的状态吗？或者，如何弥补损失，才能让一切重新回到你的掌控之中？

通过对这几个问题的评估，你会发现，改变或许比你想象中要容易许多。

3. 这些改变能带来的好处是什么？

这些改变能带给你更好的生活和未来吗？这些改变能让你更加开心和快乐吗？这些改变能带来的积极结果会是什么？这些改变带来好的结果的可能性有多大？如果改变能带来的好处明显大于风险，那就值得你去尝试，不是吗？

04

好时机不是等来的

好多时候，人们只有对现状感到忍无可忍的时候，才会行动起来。但是，即使你不想改变，生活有时候也会推着你走上改变的道路。

相对于主动跳槽，下岗这种事也并不是不可能：无论是20世纪90年代国家政策带来的"下岗潮"，还是行业不景气造成的"裁员热"——互联网低谷的那几年。

如果公司倒闭了，或者你被解雇了，你要怎么活下去？想想最坏的结果，如果你能接受，那么还有什么好害怕的呢？

很多时候，往往是因为担心未知的结果，我们才不敢去做；但我们最害怕做的事，往往是我们最应该做的事。想一想，你因为害怕而不断推迟的计划是什么？

很多人都习惯于说"再等等"，但是你到底在等待什么？有些人不过是以此为借口来逃避现状，不敢承认自己害怕改变罢了。

推迟行动的代价往往十分巨大，远远超过改变本身。如果不去做自己喜欢的事情，十年之后，你的年龄徒增了十岁，一切依然如故，不会自动向好的方向发展。

好时机不是等来的，不断地权衡利弊也没意义。将自己的生命浪费在不喜欢的事情上，只会带来失望和遗憾。如果一件事对你很重要，而且"最终"不得不做，那么现在就行动吧。

05

直面恐惧，才能更加强大

只有直面恐惧，我们才能更加强大。面对选择和改变的时候，通过定义恐惧，那些迷茫的不安和模糊的焦虑都会散去，你也会更加清晰和坚定。

改变是痛苦的。可是，维持现状也会很痛苦。既然如此，为什么不去改变？改变或许无法带来你想要的东西，但是犹豫和徘徊只会让你更加焦虑和不开心。

很多时候，让我们困扰的往往不是改变本身，而是要做出改变的那个决定。

改变意味着未知，但未知也意味着希望，希望又包含着无限的可能性。如果一件事让你觉得有成就感，那就是值得追求的。

改变，困难一时；不改变，纠结一世。几十年之后，回过头来看，那些让我们后悔的，往往不是自己曾经做错了什么，而是那些想做而没有做的事。

没有人能给你金钱、地位和未来，这些都需要你自己去努力、去争取。如果你想要过上期待的生活，想看看自己到底能活成什么样，不妨勇敢地去尝试一次。

所以，你还在害怕和犹豫什么？只要你勇敢地迈出第一步，生活就一定会给你一个崭新的开始！

　　其实，生活或许还有另一种可能。即使失败，
即使一无所有，也好过一辈子活得无趣却又不甘心。

自我：
不作死你就不会死

文 / 极乐

01

我问过很多"作死"的人："你们到底为什么这么作？"

大多数人都会这样回答我："我知道自己这么做是错的，但是我控制不了自己，情绪一上来就完全没有任何理性了，只想发泄或者让这件事情停止。"

比如，较轻的"作死"：一个女孩曾经和我讲，每次男朋友因为一点小事惹我生气，我就特别想要他哄我，虽然可能哄我是没有用的，事后想想也会觉得他有他的道理，但是他必须，一定，以及肯定，要哄我！

又比如下面这位作得很严重的：

我们试着创设这样一个场景。一个男生很爱自己的女朋友，起码他自己是这么认为的。他在街上吃午饭的时候，无意中看到女友和一个男生走进了电影院。其实，他有很多次机会走上去问一下是怎么回事，但是他都尿了。

男生安慰自己看错了，吃完饭就匆匆忙忙回家了。到家之后，男生越想越不是滋味，越想越痛苦，他觉得女孩背叛了自己。

他开始给女友打电话，但是一直都是无法接通。他认为女友是故意的，故意不接他的电话，却与他人私会。

不知道打了多少个无法打通的电话后，男生决定与女友分手，一定要分，因为他感觉自己受到了莫大的侮辱。

女友终于回电话时，男生开始破口大骂，完全听不到女友在电话那头的解释：他是我弟弟……

前情细节补充：男生单亲，小时候，母亲和别的男人跑了，父亲把他放在奶奶家，奶奶在他十五岁时去世。

02

这种场景算得上作死的极致了。对于这个案例，我做了一个详细的精神分析。我称这种状况为"十字围杀"，如图：

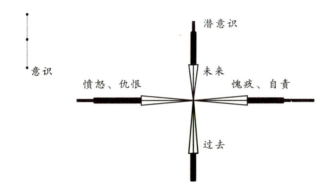

由"女友和其他男生出去看电影"引发男生吃醋，吃醋引发了被侵犯的感受，这种被侵犯的感受非常类似于童年时期母亲扔下他离开时他的感受，于是，分离感被触发；分离焦虑带来强烈的不安的感觉；最后焦虑和急躁形成。这时，男孩就陷入"十字围杀"的境地了。

如图，横向代表意识层面，男孩一般的内心语言是这样的。

愤怒、仇恨部分：我对她这么好，她竟然如此对我。我付出了这么多，收获的却是背叛！

愧疚、自责部分：今天我只顾自己打游戏，没有陪她，所以她和别的男孩出去了，我不够优秀，成绩和家世也不好，我还不上进，我知道错了，我一定改。

愧疚、自责与愤怒、仇恨开始交汇：是我不够优秀，是我对她不够好，可是她怎么能这么无情，说和别人在一起就和别人在一起？我恨她，但是我不能失去她。她对我很重要，我都愿意改，为了她我什么都愿意，我愿意为她付出。可她呢？她什么都不和我说，背叛我，还看不起我……

愤怒与自责是两种矛盾的情绪，愤怒引发对外攻击，自责引发对内攻击。当两者同时存在的时候，对内攻击和对外攻击都变成了一种不合理的方式，这就使得我们的情绪无法释放，只能被深深地压抑。

纵向代表潜意识层面，男孩在这部分是没有语言的，却有两种无法用语言表述的情绪：被抛弃的分离焦虑感，未来我无法获得幸福但是我却渴望幸福的矛盾感。

过去，妈妈离开了自己，爸爸离开了自己，奶奶离开了自己。对男孩而言，他觉得自己注定被抛弃。当男孩觉得女孩也要抛弃自己的时候，妈妈离开时的痛苦、爸爸离开时的痛苦、奶奶离开时的痛苦会在那一刻一起涌来。

男孩一直觉得自己的未来会是不幸的。遇到女孩之后，他以为有改变的可能，但是她的"背叛"再一次告诉了他血淋淋的真相，未来的不幸已注定，再怀有希望只有以失望为结局。

男孩想割裂自己的过去，也不愿迎接自己的未来，但是现在将会消失。现在消失，也就意味着所有行动力都消失。

最终，过去、未来和现在的两种矛盾情绪——四部分交汇，男孩最终被打败——我无能力改变令自己痛苦的现在。

03

现实中，每个人都有不一样的过去、不一样的伤痛。很多人一定会问，怎么脱离这种"十字围杀"的情绪境地呢？怎么让自己在这种情绪来临的时候不再"作死"呢？

我可以给你以下三个建议。

1. 你可以开一条路。积极心理学相信每一个人都有自我实现的渴望，只不过是现有的环境使得我们无比压抑。我们所要做的是通过自己的行为为自己努力创设一个适合我们的环境，相信自己并且积极行动。

2. 用精神分析的方法化解过去的痛楚，不再使用糟糕的方式对待自己。如果过去的你曾被糟糕地对待过，你一定积累了很多自己没有能力改变的痛楚。为了让自己脱离痛苦，你心里会一次次地重复过去的情境，希望自己能够走出来。

我们需要找到自己内心的渴望，了解曾经的自己希望被怎样对待，然后，学会这样对待自己。

3. 认知行为疗法可以帮助我们有效了解认知与情绪之间的关系，在意识层面帮助你理清思路。尽管我们自己知道有些认识是错误的，但是我们无法改变。因为我们怕疼，我们不敢承认自己错得那么严重。你可以尝试写一些日记，站在旁观者的角度去观察自己，去细致地体察自己的每一个想法。用书写的方法把情绪和认知隔离开来。或者，你也可以尝试借助别人的力量把自己从这种痛苦的情境中带出去，这个人可以是你的朋友、信任的长辈、新的恋人等。

04

以上方法都需要专业知识的帮助，这里我推荐两种自我疗愈的方法。

恋爱是一种亲密关系。
想保持彼此互相了解的可能性，
就要不断地探索对方。

A. 焦点转移

一个人的生活是复杂的，有学业、感情、朋友、娱乐……但是，当一件事情对我们冲击过大时，其他事情都会变得不重要了。如果试着用上帝之眼俯视，我们都能看到，自己只是和女友之间的关系出了问题而已，你的英雄联盟账号没出问题，你的小伙伴等着你去玩儿，你还有不错的学习成绩。

所以，当你在情绪上感到无比痛苦的时候，请告诉自己：我并不痛苦，而是在和女友的关系上感到痛苦。

我尝试过很多焦点转移的具体方法。

如跑步，这种方法确实非常有效。但是，一般人往往需要有人监督和鼓励才能坚持下去；除此以外，聊天、倾诉或者独自旅行也有转移焦点的作用。

还有一个效果好很多的方法——养狗，不是养猫，不是养兔子，是养狗。如果有可能的话，我觉得养猴子的效果可能比养狗的效果更好。

如果你选择养狗的话，最好选择聪明一点儿的大型犬，比如牧羊犬，这种狗运动量极大，它会逼着你运动。

之所以选择养狗，因为陪狗玩儿很消耗体力，关键是这件事蛮有意思。别人听你说话说多了会烦，但是你越和狗说话它越开心，它可以给你积极的回应。如果说旅行的最大作用是可以让人换一个视角看世界，那么换成狗眼看世界是一个非常好的选择。

B. 观察自己的生活，以事件—人的方式了解自己

在我的观察中，心理强度较低的人都有一个特点：预设得特别早。

"老公回家晚了，一定是出去鬼混了。"

"同学们在讨论我，一定是说我不好。"

"刚刚面试官看了我一眼，肯定是我回答失误了。"

……

人的成长过程是互相联结的，由最初的一个点发展成无数的联结，如下图。

所以，如果你连当下这个点都想不清楚，那一定是因为上一个点、上上一个点出了问题。

比如，一个男生载着女友闯了红灯，交警将他们拦下来，开始男生想认栽，而女生在背后拼命教唆男友和警察正面对峙，男生碍于面子，也不愿意接受警察 20 元的罚款。最后男生和交警发生了冲突，动手打了交警，被交警叫来的警察拘捕了。

就闯红灯这件事而言，大家都觉得这个女孩作到死。其实在这一点上，女孩自己也想得很清楚，但是这个点会被其他点影响。女孩的父亲比较懦弱，不能保护母亲和自己。所以，她们母女经常被别人欺负，小时候她们家开小店，经常被警察欺负，母亲老是责怪父亲太软弱。当交警拦下男生的那一刻，女孩的这种记忆被勾起。其实，她一直处理的是记忆里面的那件事。

所以，要想不作，就要多了解自己。每一刻的我们，都有着漫长的过去，当情绪来的时候，不要急着让情绪消失，观察那一刻的自己，像记忆里面的谁，回溯的过程也是焦点转移的过程。

05

那如果我们的恋人或者家人有"作死"的问题，我们应该怎么办？

首先，你要解决由他的"作死"引发的你的情绪。

记住，你能够处理的只有你的情绪。我时常会接到一些家人有情绪障碍的朋友的求助，他们希望我告诉他如何对待他们，但是，我经常告诉他们方法没有太多作用，因为在那一刻，他们做不到。如果这是一份试卷，里面有一个问题：你女友跟你说："我就是想生气，你哄我不一定有用，但你一定要哄我。"你会如何回答？

我想，这应该很容易吧？但是如果在你们有矛盾期间，你的女友跟你说了这句话，你会怎么做？哄她会变得很难吧？

其实，这两种状况的差异就是：此时此刻的你有没有情绪。

如果你现在是烦躁的、不安的、被攻击的，你就无法运用一个理性的应对方式。成熟的男女都是优质的伴侣，并不是因为他们懂得更多手段，而是他们更难被别人激发不好的情绪。

那如果不好的情绪已经被激发，我们如何调整不好的情绪？教你一个简单的办法，你可以这样告诉自己：他的情绪不是由我引起的，他不是在攻击我，而是在释放内心的痛苦。我不需要为他的痛苦负责。但是我爱他，所以我愿意陪伴他一起承担这些痛苦。

其次，你需要去了解对方。

我们都看过，电视剧里，女主很爱男主，但是她经常怀疑男主不爱自己。作为观众的你很清楚男主爱着女主。圣诞节那天，男主和女主约会，女主发觉男主有点儿心不在焉，于是，女主的不安全感被激发了出来。结束约会，两人分别时分，女主明明想给男主一个甜甜的吻别，但是她却装作很生气的样子，甚至不说再见就走了。这种情况下，电视剧里的男主都会跑上去，在背后抱住她，哄她。然后，一段浪漫甜蜜的背景音乐响起。

然而，现实生活中的男主大多会觉得女主无理取闹，莫名其妙。

电视剧里的理想男主永远了解女主是怎么想的，但是现实生活中的男友很难了解到自己的女友心里到底是怎么想的。

恋爱是一种亲密关系。想保持彼此互相了解的可能性，就要不断地探索对方。了解对方的内心是恋爱关系里最重要的任务。

因此，当你的恋人反常的时候，先别急着下结论，请耐心地多问一句："我感觉你的情绪有点儿不对，可以告诉我是什么原因吗？"

最后，你要学会表达你的感情。

如果你的恋人此刻正在歇斯底里地大哭，怎样最快地让他停止哭泣？怎样让他从悲伤的情绪中解脱出来？

我们往往会说"你不能……""你不要……"其实，这种方法适得其反，你应该告诉他："看到你现在这么痛苦，我特别痛苦和自责，我无法让你永远快乐，我很不安，我怕失去你，我怕我自己做得不够好。"

在恋爱关系中，"作"的目的只有一个：我希望用我这些行为引发你内心的情感，我需要用你被我引发的情感，证明我是被你爱着的。

所以，如果不想看到对方在感情里"作死"，就要让对方察觉到你的感情，他会从你的感情里面寻找自己被爱着的痕迹。

表达情感有一个非常实用的公式：描述客观事实＋我的情感＋我的什么需求引发了我现在的情感＋我现在的需求。

举个例子，男孩生气了，选择用冷暴力的方式对待自己的女友，女孩可以这样表达：

你现在不和我说话（描述客观事实），我感到非常孤独和不安（我的情感），我很爱你，很喜欢你陪伴着我的感觉，这种落差让我难过（我的什么需求引发了我现在的情感），我很希望你能和我聊一聊，告诉我你的想法（我现在的需求）。

我们都会在感情里慢慢成长。不管是恋人、朋友、家人，总会有彼此不理解，甚至无意中给彼此带来伤害的时刻。在这些时刻里，不要逃避，**请给自己和对方多一次机会，多一点耐心，去体察造成误会、伤害的原因，并积极地弥补、改善。你会收获一个更好的自我，一段更亲密的关系。**

趣味：
只有啪啪啪和拍拍拍的，
不叫旅游

文 / 萌叔

　　只要一放长假，就会陆续有人问我：叔啊，求推荐一个可以美美照相的旅游胜地，我要发朋友圈震慑全场，你懂的。

　　我没有回复他们，也不知道该如何回复。我无法理解一个人的精神要贫瘠到什么程度，才需要通过拍照和 PS 来证明自己存在的价值。

　　这让我想起了之前去外面闲逛，看到一群背包客，人手一部 iPhone，七八个壮汉蹲在地上围着一朵娇嫩小白花疯狂按快门的场景。那画面，和野外集体如厕真的很像，美得我不敢看。

这还让我想起了出门在外，不论住在哪里，都能见到从门缝塞进来的让人脸红心跳的小卡片，还有隔壁隐约传来的男男女女的呻吟声。

拜托，如果只有啪啪啪和拍拍拍，这真的不叫旅游。

01

人与人眼中的世界，其实是不一样的。

几年前，一个与我并不熟悉的大学同学来杭州旅游。虽然交情不深，但我还是要尽地主之谊，带他去逛逛西湖。

走了半个小时，我们拐进一座很冷清的小祠堂，旁边有导游说这是于谦祠。提到于谦，我的第一反应是和郭德纲说相声的那个胖子。

我同学倒是面色凝重，走了进去，二话不说就跪下了，吓得我一激灵。我想拽着领子把他拎起来：你缺心眼啊，跪在个石头面前算什么啊，又不是你祖宗，多丢人。

他冲我笑笑，说："一会儿就好，你要嫌不自在，就去附近逛逛吧，我很快就完事儿。"

后来我问他为什么要这样做，他说自己也搞不清楚，只是读了不少和于谦有关的书，觉得他真是了不起，就想来瞻仰一下。

我当时一百个不理解，觉得这货真是个"中二"少年，变着法地矫情。直到几个月后我开始读《明史》，看到于谦那一卷时，才多少明白了一些他的感受。

后来我自己一个人又去了一趟于谦祠，没带相机没拍照，恭恭敬敬鞠了几个躬，好让他老人家知道，除了说相声的那个于谦外，还是有人记得他的。

02

"读万卷书，行万里路"，这句话你一定不会陌生。有趣的是，读万卷书，是放在行万里路前面的。

换句话讲，如果旅游时，你不了解景点背后的故事，即便住着再舒服的酒店，享受再豪华的套餐，也只是走马观花，对着镜头龇牙；洗涤不了心灵，也升华不了灵魂。

想必前面我提到的那位环游世界的土豪，就属于这种情况。他的眼中只有房子、树、山、水，却不晓得背后蕴含的历史与文化，当然会觉得无聊。

其实这不叫旅游，顶多算是换个地方逛街。

面对同样一件事、一个物品、一处景点，你了解得越多，看到的就一定也越多。

你懂美术，走在路上看见的光与影都与别人眼中的不同，天空不只是蓝白灰，有时也会泛黄发紫；你懂音乐，就能轻易分辨曲调中的每一种乐器，脑补出乐队的样子。

当然，如果你了解某些景点的深层含义，旅游也容易带来更多乐趣。

我有一个基友，他喜欢苏式园林到疯狂的程度，每年都要跑去苏州四五次，啥也不干，天天看树、看水、看房子。我猜，他眼中的苏州一定与我眼中的不一样。

还有个同事酷爱书法，抽空去了一趟王羲之故居之后，自嗨得不行，和我说五星推荐，不满意回来砍死他。后来我去了，回来差点儿砍死他。一个破池子旁立了口水缸，你和我说五星推荐？

话又说回来，我虽然欣赏不了，却特别能理解他的感受。这与在于谦祠虔诚下跪的那个人如出一辙——

在他们眼中，这些景点代表着历史、文化和故事，而不是乱石、朽木、自拍和美图秀秀。

03

这是一个浮躁的社会，连本该返璞归真的旅游，也充斥着攀比与铜臭味。人们来了又走，拍几张美颜照发到朋友圈，表示朕已来过，你们这些没去过的都是渣渣。

于是，他们在本该肃静的祠堂里也要大声喧哗，在名人的陵墓前都要争着抢着按快门，三、二、一地喊着"茄子"。

这样真的合适吗？

如果你已经定好了旅游目的地，请先试着去了解当地的风土人情，找来几本书认真读读，听听景点背后的故事。

只有这样，当你去参观兵马俑时，才会心存敬畏，而不会在朋友圈里调侃为什么男兵马俑也要梳辫子。

只有这样，当你身处故宫时，才能感叹这里的一砖一瓦都曾是帝国的心脏，而不会去嫌弃路面坑坑洼洼，为啥不铺上实木地板。

面对同样一件事、一个物品、一处景点，
你了解得越多，看到的就一定也越多。

Part 2

有趣的人

做有趣的人之前，要先学会掌控生活：

只要一点有趣的想法和执行力，

你就能在有限的世界里，

创造出无限可能的"小确幸"。

自爱：
不要为了有趣而有趣，
你需要迎合的只有自己

文 / 陆佳杰

　　当我还是个孩子时，外界的敌意与批评时常如一团火焰，将我灼伤。

　　我没有主见，没有意志，缺少与外界对抗的勇气，没有辨别自己的能力。世界于我像一片充满迷雾的森林，我看不清它，也看不清自己。行走的路途中，任何微小的事物都能将我绊倒，此后便是陷入自我怀疑，久久挣脱不开。

　　学校是一个热闹的地方，但它同时也盛产孤独。

初中时期是我最彷徨无助的时期。内向程度胜过任何人，心扉难以向外界打开。那会儿说话甚至还有些结巴，上课回答问题也很难。别人轻而易举从嘴中吐出的字，我得花很大力气才能说出来。

老师上课点名回答问题，班里最紧张的恐怕永远是我。并非问题有多难，而是当着全班同学的面说话使我紧张。虽然我小心翼翼地说了，但说话结巴仍旧带给我窘迫。

一下课我便假装趴在课桌上睡觉，因为我害怕别人谈起我，害怕面对下课后教室里的热闹。

热闹都是他们的，不是我的。

曾经无数次听到别人的嘲笑。

曾经无数次听到别人把我的窘事作为活跃气氛的段子。

有人在班级春游的时候模仿我，模仿我说话时的样子。那种吃力的样子、磕磕绊绊的状态、狼狈不堪的模样，都模仿得全然一样。

他模仿得越像，我便越悲伤。

当所有人都把我列为嘲笑对象时，我确信我被世界抛弃了。

所以我只能趴在课桌上睡觉，假装听不见、看不见，假装周围正在发生的一切都与我无关。

后来，我遇到了我的语文老师。

她是在那时唯一真正理解我的人。有一天，她把我叫到办公室。她觉得我写的东西很细腻，有灵气，想让我做语文课代表。

从那以后，我便感觉自己有了依附。

年少的心灵，有时候能坚硬如钢铁，有时能脆弱如棉絮，关键看你碰见了什么。

得到老师的认可后，长期风雨飘摇的内心终于获得一丝平静。

她对我说过的最重要的一句话就是："越多人讨厌你，你就越要喜欢自己。他们讨厌你讨厌得越彻底，你爱自己就要爱得越充分。要知道，你对你自己很重要。"

当她的这一整句话脱口而出时，我竟然有落泪的冲动。

我开始很用力地活着，坚忍地活着，奋勇地活着，不在乎旁人无谓的目光，只关注自我内心的感受。

人生有一个好的导师，何其幸运。

在语文老师的引导下，我开始执着于两件事：一是作文，二是演讲。参加了大大小小的作文比赛，收获了大小不等的奖项。

初三时，终于在杂志上发表了自己的第一篇散文。

收到稿费的那一天，我记得很清楚。虽然只有 100 元，但值得我为之雀跃三天三夜。

我用稿费买了一个大西瓜，放在了语文老师的办公桌下面，她后来还给了我。

那段时间，为了克服说话结巴，我也开始试着当众演讲。

这对我来说格外艰难，但人如果不离开舒适区，就永远无法获得质变式的进步。

后来，我代表学校参加市级的演讲比赛，拿到了中学组的亚军。这个成绩放在以前，我想都不敢想。一个内向至极的人参加演讲比赛，还拿了奖，人生真是包含着无限未知，成果的滋味也确实妙不可言。

一个人长期做的事情，决定了他能拥有怎样的气质。演讲和作文这两件事，改变了我许多。

一点一点的成就，少年时代的小满足，都给了我自信，将过往的阴影一一涂抹。

嘲笑声没了，厌恶声没了，取而代之的是人际关系的反转，是同学们的拥抱。

这些都不重要，重要的是，历经迷茫期的黑暗，总算能看

不要活在别人的期待与好恶里。

无论人生走到哪一步，都不要忘记爱自己。

清一些事物的本质：世界之于我，外界之于我，敌意与质疑，口水与叫骂，都是无足轻重的小事。真正明白自己的所求，真正了解自己的爱憎，真正开始喜欢自己、爱上自己，这些事情，才是属于自己的终身大事。

这是一个极易招黑的时代。

人人都在自己的那条路上往上爬，爬得越高，就越会暴露在众人的视野之下。

那些前人都会得出一个共同的结论：做好自己最重要，不要管他人的眼光。

因为大部分时间陪伴自己的，都是自己，从来不是别人。

我曾经收到过一封读者来信，她是一个孤独的女孩，深陷于被他人指指点点的痛苦中。

敏感、无趣、不自信、过度关注他人的评价，这些都是年轻人的通病。

这个姑娘在一所二流大学上学，大二谈了一个男友。初恋的她，把自己最美好的情感与憧憬都投射在了这个男生身上。大约谈了三个月，她才知道，这个男生是有女友的。

在恋爱的人的世界观里，脚踏多条船者往往位于鄙视链里的最下层。

姑娘也很果断，提了分手。让她没想到的是，那女友把事情一传十，十传百。在众人的理解中，姑娘反倒成了破坏他人情感的坏女人。

她一度深陷失眠与焦虑的痛苦，虽然自己知道事情的真相，却又百口莫辩。

在学校里，她无心学习，一些掏心窝的话也无人诉说。甚至连曾经关系很好的室友，都主动疏远了她。

她甚至失去了爱自己的能力。她用文字告诉我，她已经好几天没好好吃饭了，一旦想吃饭就暴饮暴食。时常感到周围的人用异样的眼光看她，所以她开始恐惧社交。删除了社交网站上之前的所有动态，她害怕把自己的面貌与生活展现在别人面前。

她给我写了很多信，言辞中多有激烈之处。那种悲伤的基调与负面情绪，通过纸面也能感受到。

这个姑娘的事，让我想起儿时的过往，自卑的曾经。

面对流言蜚语时，人会有两种反应：一是吸收，二是无视。前者是把他人的看法作为评价自己的标准；后者拥有自己的评价体系，所以自然可以忽视他人的评价。

前者活得劳累，后者活得聪明。

后来，我给那个女孩回了两封信。第一封，跟她讲了我儿时的故事。

第二封，告诉她，人应该拥有自己的评价体系，不要活在别人的期待与好恶里。告诉她，无论人生走到哪一步，都不要忘记爱自己。

爱自己，尊重自己，是勇气，也是能力。

所以，那个女孩儿好了吗？

好了，好得很彻底。

半年后，她寄给我一封信，里面还有一张近照。

那张照片上的女孩，长发飘飘，妆容精致，笑容澄静，背景看样子是欧洲的某个小镇。

信上她告诉我，谢谢我的回信。

她经过了那段时间的沉沦，才发现爱自己是全世界最重要的事。

刘瑜有句话，说得极为漂亮：**有些人注定是你生命里的癌症，而有些人只是一个喷嚏而已。**

人有时需要明辨，哪一种人对你而言是癌症，哪一种人对你而言只是喷嚏。

何必把流言记挂在心上，把它当屁放了，当喷嚏打了，人才不容易得病。

有时间关心别人讨厌不讨厌你，不如自己活得精致一些。

夏洛蒂·勃朗特在《简·爱》中有一句话：

"我越是孤独，越是没有朋友，越是没有支持，我就得越尊重我自己。"

用这句话，在此与世间的每一份孤独共勉。

气质:
你丑不是因为你穷

文 / 韩大茄

01

常听到一些男人抱怨女人爱钱:无论是找对象还是谈恋爱,女人都会把钱当成一个重要指标。工作上还那么拼,把自己活生生当男人来用。钱生不带来,死不带去的……

每当这些话出来的时候,我就知道这样的人已经无法沟通,好想把这些蠢货的嘴全封住。因为我知道他接下来肯定要说,现在纯朴善良又美丽的姑娘太少了,这个堕落的时代吧啦吧啦的。

我想说，一个女人，如果没有钱支撑，自身也不努力挣钱的话，她靠什么来维持自己的美丽。没有钱去买眼霜、唇膏、口红，卡里的额度还不够刷一件新款包包的话，美丽难道会倏地一下从天上掉下来吗？

天下哪有什么天然的素颜美女，哪个不是需要大量的乳液、精华素来滋润的，素颜美也是需要钱铺垫的好吗？

我想问，女孩想要活得漂亮，不靠钱，难道要靠日月精华、万物的能量吗？

难道要靠陪你一起打游戏、吃泡面来养颜吗？

想要女人长得漂亮，还想女人不花钱。这比想要马儿跑得快又要马儿不吃草还要天真。

只要翻一下女明星和网红的微博，就能在评论里看到男人们自以为高明地说："全都是钱堆起来的而已。"语气全是鄙视和不屑。

可是我想告诉他们，这就是真理好吗！天下难道还有与钱无关的美丽吗？

02

还好很多女人不傻，她们很早就懂得了漂亮其实都是用钱烧出来的。要想活得漂亮，她们不得不比男人还拼。

我曾看到很多女生，在学校时就出去做兼职，在工作上抢最有挑战性的项目，谈客户时用尽了自己所有的智慧。她们把屈辱和泪水咽进肚里，尝尽了辛酸也仍然坚强前行。她无非是想多挣点钱，努力在年轻的时候多一点美丽、多一点自由。

想要美，必然要花钱。可是有了钱，漂亮就会翩然而至吗？

钱能买很多好东西，这固然很对。可是就像给你准备了进口牛肉、南极冰虾、黑金鲍等上等食材，你就一定能烹制出一顿可口的大餐吗？

怎么可能！现实中我见过太多花了钱，结果整体看起来依然没有起色的姑娘了。她们花尽了自己熬夜加班的积蓄，买了各路名牌，捯饬了全身，结果整个人看起来仍然让人觉得俗到爆。

费尽心力地逆袭，结果依然停留在很低的级别。

她们花了很多钱，很多自己辛苦挣来的钱，结果只是从一种俗气换到了另一种风格的俗气而已。落下了虚荣、败家的骂名，却没有得到任何人的认可。

这就像一个学生勤奋苦读，花费了心思，结果考试的时候，虽然每道题都会做，可是答案写错了位置，依然是不及格，实在让人痛心。

03

小娅曾经因为过度宅，且疏于形象管理，结果男朋友劈腿了。她憋屈了一段时间后，痛定思痛，报了几万元的化妆培训班。

经受过多大的刺激，就能爆发出多大的能量。果然不到三个月，再看到她的时候，她似乎已经换了一个人。精致的妆容、恰到好处的搭配，已经完全达到女神级别了，让人完全无法跟曾经那个邋里邋遢的她联系起来。

可是，她的美总显得功利心太重，经不起考验。只要稍微跟她聊两句就能感受到她骨子里的自卑，她内心根本无法忘记曾经那个邋遢的自己。

由于长时间以来她只关注时尚杂志，沉浸在衣帽间里，没

一个人的品质往往都是写在脸上的，
因为一个人的眉宇间藏着你读过的书、
走过的路、怀抱过的梦想。

有时间去关注外面的世界，没有心思看书，和别人聊起天来，常常三句之外就搭不上话了，谈及稍微深刻一点的话题就支支吾吾。生活的圈子太小，对别的活动也没有什么兴趣。

当然也有一些男人追求她，可大都坚持不了多久。我的弟弟就是其中的一个。我问他："为什么？你们男人不都喜欢这种美人吗？"

弟弟耸耸肩说："美是美，可是太乏味了，缺少点精神，少了些气质。处久了像跟一尊蜡像谈恋爱似的，没劲。"

弟弟的话虽然毒，却道出了某种事实。一个人的品质往往都是写在脸上的，因为一个人的眉宇间藏着你读过的书、走过的路、怀抱过的梦想。

有的姑娘在变美的道路上花了很多钱，却只能成为一片静态的风景，只要一开口、一举手、一投足就露馅了。

她们只知道花钱打扮外在，却舍不得花时间去塑造气质，这样的美根本就经不起考验。

她们的问题，烧再多钱也解决不了。

气质：

你丑不是因为你穷

04

关于气质女神，我第一个想到的是舒淇。在华语演艺圈里，她的五官算不上最精致，身世也算不上好，成名之路充满了坎坷，依然稳坐一线女神之列。

少年时代的她，就开始为家人而活。从贫寒、争吵、辍学、离家出走，到立志赚钱养家。刚进入演艺圈时，迫于生存和家庭债务的压力，她选择拍摄大尺度写真。她在漫天骂名下顶着精神压力磨炼演技，纵使日子再难，依然微笑面对。直至出演《风云》《玻璃樽》等一系列好片，她才得以摆脱以往的骂名，把脱掉的衣服一件件穿起来，成为一个人们交口称赞的演技派，也成为许多男人心中的梦中情人。

事业成功后，她并没有放松自己。为了保持形象，她规定自己过午不食，坚持了二十年。她心地善良，常常为流浪动物发声。如今，她年过四十，依然活出了二十几岁的范儿，比很多网红都优雅可爱。2016 年 9 月 3 号，她宣布与冯德伦结婚，终于收获了爱情。

优雅是一种素养，即使年华终会老去，即使生命充满了坎坷，最迷人的依然是一个人的内在沉淀。优雅在骨，而不在皮相。世人心中真正的美丽，是有这种优雅素养的人。

如果气质之为物，它是历经岁月冲洗后沉淀下来的对生活的态度和信仰，如同琥珀一样，只能是时间的结晶。

05

到底怎样才能让一个人气质优雅呢？

对生活事业有态度。一个对生活和事业专注的人，总会显得格外迷人。因为她永远不会敷衍自己，总能在职场和生活中取得成绩。生活和事业是一个人自信心的来源；没有了自信，任何美都无所依附。

对世界充满了好奇心。很多姑娘年纪轻轻就显出疲态，每天都是一副暗淡的眼神，对什么都没兴趣。她们缺乏的是对这个世界的好奇心。她们并不觉得新的一天、新的事物有什么意思，眼神里漾不出一丝神采，整个人的气质自然会大打折扣。

大量的阅读。一个人的一生很短，靠自己摸索，穷尽毕生之力也只能收获寥寥。而书汇聚了许多大师毕生的精华，使你收获更丰富的生命体验。读书是扩展一个人生活宽度的最好方式。花钱买书，是提高生活品质的必经之路。

怀抱梦想，勇于挑战，敢于追梦。除了必要的搭配和妆容，你更应该用你的钱去走遍大江南北。

你可以去看看博尔赫斯笔下"瘦落的街道、绝望的落日和荒郊的月亮"，可以在墨西哥的雪山下感受平静温暖的黄昏，可以在耶路撒冷哭墙前看虔诚的信徒，可以在纽约时代广场看这盛世的繁华，也可以在巴勒斯坦看断垣残壁和贫穷的罪恶。

你可以去做别人想到或者想不到的很多事，你可以做别人不喜欢但你喜欢的很多事。做想做的事，成为想成为的人。看的世界多了，才能清楚自己的位置，才能跳脱俗套，活出品质。

强大：
别总那么好欺负

文 / 韩大茄

01

我非常害怕周五的时候公司突然来个紧急任务。

因为无论领导怎样挑，过程如何婉转曲折，理由多么天经地义，最后确定周末要加班赶任务的那个人总是我。

我在开会时一听到领导说"某某项目是个硬骨头"就会烦躁。

因为只要是"硬骨头"，就没有人有兴趣"啃"，它会像一个烫手山芋一样被大家推来推去，最后都会顺理成章地抛给我来"啃"。

小庄说："无论什么麻烦事，大家都喜欢找你，是因为你太好欺负了。别人试了你一次，发现你太好说话，就算吃点亏也没什么怨言。他们尝到了甜头，觉得你真好用。下一次遇到不好做的工作，他们就会很容易想到你，因为你最'合适'。在圈子里，你留给了别人这样的印象，你就摆脱不掉了。"

小庄说得很有道理，我连连点头称是。

小庄说完，把盆里的衣服拧干，放在另一个盆里，接着说："就像我，第一次给你洗了衣服后，就被你吃定啦，往后脏衣服就都甩到我这儿了，我也是太好欺负了！"

说完，她瞪着我，我假装看手机没听到。

02

中秋节——团圆欢聚的日子。而我又被发配到西部的一个小城出差。或许，这才是我"正常"的过节方式吧，我都有点习惯了。

节前，我被领导叫到办公室的时候，发现老张也在，我就知道大事不妙了。然后，领导说，老张近期有些私事要忙，接着就开始介绍项目概况，看来这次他又想把我推到前线了，去完成一个本来跟我毫无关系的项目。我的假期计划看来又要泡汤了。

我想要拒绝，可是说不出口。我担心领导会觉得我工作态度不行、吃不了苦，以后会彻底看不上我。我怕因为这一时的退却，破坏了长久以来在领导面前经营的好形象。

想了想后，我又把一肚子话咽了回去。

用小庄的话说，我就是一个典型的"老好人"。老好人因为自身缺乏力量，总是害怕失去，极度在意别人的评价，所以总是习惯性地答应别人的请求，向他人示好，不敢拒绝。哪怕这些帮助会给自己带来很大困扰，仍会咬着牙上，义不容辞。

老好人有一万个想要拒绝的时刻，可是，没有几次有勇气说出来。他们容易妥协，不敢拒绝，总认为为难一下自己没关系，不能让别人尴尬，怕别人会觉得难堪。于是，一步步退缩，直到退到角落，直到别无选择。

03

由于这次项目难度比较大，涉及的问题比较多，公司怕我一个人解决不了，只好把我师傅也发配过来了。

一路上，师傅都是瞪着我的，恨不得把我生吃了。他觉得是我拖累了他，毕竟这么美好的假期，他可以回家团圆的，却只能跟我来这个鸟不拉屎的地方加班。我估计，他最近最后悔的事就是收了我这个徒弟吧。

在宾馆里，他问我："你知道为什么公司没有人愿意做的项目最后都会落到你头上吗？"

我把小庄的说法复述了一遍，语气中全是老实人的无奈和对公司领导的不满。师傅是公司的中层领导，正好我可以借题发挥说出来，一直憋在肚子里也不是事。

师傅看着我笑着说："公司之所以选择你过来，也是为了锻炼你……"听到他用这一句话打头，我就知道他没有做好掏心窝子、好好说几句话的打算。接下来无非是年轻人要多吃点苦、不要老是待在舒适区、应该多面对挑战、组织选择你是因为组织看得起你、你不要辜负领导的期望之类的废话。

　　我准备拿起手机玩游戏了。师傅突然话锋一转："你说你好欺负是别人试过才知道，其实哪里需要试，只要看你的面相，就知道你好欺负！看你那张脸，就知道说什么你都会答应。"

　　师傅的话听得我一脸茫然。这都能扯到面相上，这是在逗我吗？

　　师傅说："去年九月份你通过了公司的面试，本来通知你是十月中旬来上班，结果十一就打电话叫你过来了，你知道为什么吗？"

　　我仍然一脸茫然。

　　师傅继续说："是因为十一假期前，公司突然接到一个紧急项目，没有人愿意浪费大好的七天假期来揽下这个糟心事。最可怕的是这个甲方以前一直都是我对接的，眼看这个包袱就要甩到我身上了。我就想到了你。当时我只是从人事信息表里瞄了你一眼，瞄了一下你的面相，就知道你好说话。我向组织申请，给你争取了一个国庆加班的机会。结果人事部电话打给你，你果然一口就答应了。我说吧，我一向看人很准的！"

　　原来我还未进公司，就已经被人当成好欺负的对象了。过了一年，我才知道，力荐我加班的人竟然还是我现在的师傅。

我气不打一处来，却又无可奈何。我申诉道："你这说法根本就没道理，作为一个还未进公司的新员工，人事通知加班，哪有不答应的道理。换作别人，听到通知也会来。这跟你的面相学毫无关系。"

师傅笑着说："可是当时和你一起进公司的是八个人，每个人都接到过电话，只有你答应了啊。"

我：……

04

师父说："你知道吗？一个人的面容会记录一个人的作风。一个人的性格会投射到自己的脸上。"

一个习惯了妥协和忍让的人，他的脸也习惯地跟着低眉顺眼。时间长了，他的苦笑会在脸上留下痕迹，他的乖驯会写进气质里。就像一个习惯刁蛮的人，看眉毛就知道不好相处；一个处处强横的人，看眼神就感觉不怒自威。

相由心生，一个人的性格确实能改变一个人的面容。这些改变都是细微的。一个好欺负的人，他与别人不同的，可能是眼角的皱纹，也可能是眉毛的方向，或者是嘴角的弧度。反正当那张脸出现时，你就会发现，这人一定好说话，提一点过分的要求，他可能也会答应。因为这是他习惯的处事原则。一个好欺负的人会不自觉地给人一种"不用白不用"的气质，所以很多麻烦事最后都会找上你。

听完师傅的话，我整个人都被震撼到了。我走到镜子前，看着眼前的自己。虽面无表情，但眼神里弥漫着一丝退让与闪躲。稍微活动一下肌肉，尝试来一个最常见的表情，看似是在微笑，却像是刚做了错事，在向谁赔不是似的。

果然被师傅说中了，一个人好不好欺负，从他退让的第一天开始，就已经把答案写在自己的脸上了。往后的每一次忍让和妥协，都是在加深这些印记。

即使你跳脱出原来的圈子，去了一个新的地方，和一堆陌生人站在一起，别人只需瞟一眼你的脸，就会觉得，你应该比其他人好说话一点，你也会很快成为好欺负的那个。

05

我尝试着去研究那些一看就觉得好欺负的脸。虽然他们五官不同、神采各异，但是没有一个人看起来十分自信。

一个人的面容会记录一个人的作风。
一个人的性格会投射到自己的脸上。

他们既不喜欢单枪匹马，也无法适应相互制衡的团结协作。因为任何协作，都是一场势均力敌的共同进退。只要一方的心理不够强大，缺乏自信，天平就会倾斜，重担就会不自觉地滑向气势弱的一方，任务会落在一个人身上，直至压得他喘不过气来。

虽然，从理论上来说，这世界没有谁应该真正怕谁，也没有谁一定要讨好谁，而缺乏自信的人往往从一开始就因为过分重视彼此的关系，害怕失去，从而就会承担得更多。他承担得越多，压得自己越难受，就越形成了一个老好人的形象。

一个人要想摆脱老好人的形象，必须端正心态，不要老想着讨好别人，要知道你自己也是值得被爱的。你一味地退让并不会为你赢得尊重，你事事应允也并不会让人觉得你很可爱，这只会让别人觉得你毫无原则。很多时候，一个人的魅力是通过拒绝体现的。

当你发现你已经没有精力帮助别人时，当你觉得别人的请求是一种负担的时候，记得一定要在第一时间拒绝，毫不拖泥带水。一旦说出口，你会发现，拒绝别人其实并没有你想象中的那么可怕。因为只要是一个明事理的人，他们来求你的时候，就已经做好了被拒绝的准备，这只是他们预料之中的情况罢了。所以你不必担心你的拒绝会伤害他们的心。而且从某个方面讲，如果连合理的拒绝都无法坦然接受的朋友，你再怎么勉强，你们的关系也不会长久，没必要在退让中搭上自己的一切。

我们常常说的气场，都是在生活的一点一滴中养成的。而好欺负的你，你的气场就是在一次次退让中丢掉的。学会合理地拒绝、保持内心自信，才是解救你的唯一方案。

自律：
怎样才能活成自己喜欢的样子

文 / 李娜

01

我曾经是一名石油工程师，在某央企研究机构做油气勘探中长期规划，像"十三五"发展规划报告这种听起来很官方的东西，都出自我们项目组。

在大学读了七年石油地质专业，有过两年油田基层的工作经历，我曾经以为我会在上一家单位工作到退休——像我的很多前辈和同行那样，在北京买了房子和车，拿着一份还不错的薪水，安稳、顺遂、不痛不痒地度过一生。

然而工作满四年后，那天我平静地提交了辞职申请。

毫无疑问，所有人都很吃惊。

我的直属领导问我："怎么，做得不开心吗？"

我说："不是。"

"准备跳去哪家单位？"

"做自由撰稿人，全职写作为生。"

领导再次表示惊讶。

那是北京的盛夏，天空湛蓝高远，午后的空气却像凝固了，没有一丝风。窗外就是北四环，我从 10 楼的办公室往下看，车水马龙，熙熙攘攘，一成不变。

因为想象了太多次辞职这天的场景，所以真的到了那一刻，反而出奇地平静。

晚上回到家，我打开电脑，又看了一遍《肖申克的救赎》。

看到影片的最后，安迪爬过 500 码的下水道，终于获得自由，我的眼泪才掉下来。

嗯，我也终于自由了，终于活成自己喜欢的样子：以写作为生，做热爱的事，再也不要在一个外表光鲜的单位里随波逐流。

02

在家 SOHO 了一段时间后，有朋友好奇我的生活状态，问我，自由职业者是不是特别无拘无束？可以每天睡到自然醒？不用看别人脸色，不用加班，想干吗就干吗？

我确实不用再匆匆忙忙咬一口面包，赶在早高峰拥堵之前，开车一个小时去上班；不用再拎着沉重的笔记本电脑，踩着高跟鞋，在一个个会议之间飞奔；也不用随便吃一点外卖，加班写方案、赶报告……

可是，所谓的自由和无拘无束，真的不是那么回事。

上班的时候，因为出售时间可以换取稳定的收入，反而可以活得更加随心所欲，比如心情不好把工作拖到明天，比如偶尔犯个小错也没关系，反正出了什么事有领导扛着。

但是自由职业者不一样，没有单位给你发工资，连一杯水、一张纸巾都需要自己去赚。看似拥有了很多完整的时间，实际上每天都如履薄冰，对待时间更加苛刻谨慎，不敢浪费。

想要自由地过自己喜欢的生活，必须先自律。

活成自己喜欢的样子，是对自己有超强的认知：我是一个什么样的人，我的核心技能是什么，我理想的工作和生活是什么样子，以及如何实现。

而自律，意味着通过有效的自我管理，来实现我想要的人生。

只有自律的人，才能驾驭自由，才能真正掌控自己的生活。

所以，我现在的生活比上班的时候还要规律和勤勉：

每天早上 7 点准时起床，吃早餐，散步。

8 点钟，打开电脑，写公众号文章。

中午 11 点半，吃午餐，睡午觉。

14 点，写书稿。

晚上读书，看电影，看演讲视频，进行大量输入。

碎片时间，还要和出版社、媒体平台、品牌广告商谈合作。其实，从石油工程师跨界到自由撰稿人，也不是一日达成的，而是漫长的十年甚至五年高度自律的结果。

03

2007 年我大学毕业，被分到江苏油田的一个物探院工作。单位在南京郊外的化工厂区，隔壁就是烷基苯厂，空气里弥漫

唯有做一个自律的人，才能通过有效的自我管理，
理清生活中的枝枝蔓蔓，让生活井然有序又自在轻盈，
活成自己喜欢的样子。

着浓郁的硫酸味道。单位门口一条破旧的马路，公交站牌锈迹斑斑，永远只有等到天荒地老的一趟进城的公交车。

公司安排的宿舍是两个人一间，空荡荡的房间一览无余，只有瓷砖地板反射清冷耀眼的白光。我们到附近的一条巷子里，找到卖廉价家具的地方，每人花 240 块钱买了张床，然后又买了简易衣柜，回到宿舍里跪在地上组装。那也是我人生第一次自己组装衣柜，很没出息地哭了一场。

与真正的生活短兵相接，就好像是从梦想的云端，一下子掉进万丈深渊。

从那时起，我开始书写，书写生活的贫瘠和乏味，书写内心的挣扎和困惑。

第二年，我开始准备研究生的入学考试，在工作节奏如火如荼的时候。

每天下了班，躲进宿舍里疯狂做考研复习题，推掉所有的聚会和娱乐活动。当时在心里激励我的故事，竟然是出使西域的那个张骞。不管经历怎样的磨难，哪怕在匈奴被抓去娶妻生子，他也始终没有忘记自己的初衷。我没有告诉过别人，那些独自用力的时刻，心中的鼓点与秘密。

2009 年的 1 月份，我考完最后一科，坐飞机从北京回南京，在飞机将要起飞的那刻，第一次为独自走过的这段路落了泪。后来 3 月份成绩公布，我考了专业第八名，复试之后上升为第六名，拿到了奖学金。

2012 年我研究生毕业之后，留在北京工作，进了人人羡慕的央企，每天像一个高速运转的陀螺，被时间的洪流推着往前走。

在北京工作到第三年的时候，我结了婚，买了房子，也有了车。像千万北漂一族梦想的那样，终于在这个城市扎了根，有了安稳的生活。可是，每天望着四环路上川流不息的车辆，我却不敢停下来问问自己：你真的快乐吗？这是你喜欢的生活吗？

我真正的梦想，是成为一个作家啊。

04

2015 年的那个冬天，我狠狠哭了一场，在无人识的街头。然后，申请了一个公众号，重新开始写作。

每天下班之后，不管再忙再累，情绪再低落，回到家，我都要切断一切的负面感受，把自己钉在书桌前，写一篇 2000 字的文章。

慢慢地，有人看我的文章了，有了两位数的读者，有了三位数的阅读量……每一点的突破都让我欣喜若狂，一天一天地坚持下去。直到一年多的时间过去，我已经写了几十万字，拥有了近十万名读者，文章被《人民日报》《中国青年报》《意林》《青年文摘》等知名媒体和杂志转载，出版社的邀约也纷至沓来。

一年多，600 多个日日夜夜，我无法像一名旁观者那样，拖动快进键，拉到最后看到成功的曙光的那一刻。当你真的每一天都去做一件事，真实地沉浸到事情本身，高度自律地逼着自己去完成，你才真正明白了什么叫作坚持。

当我终于可以辞职，做自己喜欢的事，过自己喜欢的生活的时候，很多人觉得我不过是幸运，却没有看到过去的那些日子，最最关键的是，我怎样高度自律地积聚着能量。

其实每一个活出自己独特精彩的人生的人，都是高度自律的。

　　我有一个做平面模特的朋友，如今已经30多岁，生过两个小孩，依然肤如凝脂、身材曼妙、小腹平坦，没有一丝多余的赘肉。

　　问她保养的秘诀，其实不过自律二字。她严格控制饮食，我们一起吃饭的时候，我对着肉类大快朵颐，她只吃蔬菜，还要在一碗清水里涮一遍。

　　我喜欢的台湾歌手刘若英，已经40多岁，也生过小孩，皮肤和身材也保持得非常好。我看她的微博，她每天下班不管多晚，只要健身房没有打烊，她都要去运动。坚持这样的生活20多年，从来不敢懈怠。

　　中国第一代名媛唐瑛，是民国时期摩登时尚界的美人。天生丽质的她，在生活中也是严于律己，颇为细致和讲究。她很注重健康，一日三餐都有规律的用餐时间，每餐都会按合理的营养来搭配。即使不出去交际，她每天也要换三套衣服：早上是短袖的羊毛衫，中午出门穿旗袍，晚上家里有客人来则着西式长裙。她的旗袍绲着很宽的边，绲边上绣满各色花朵。

05

在这个纷扰的世间，我们会面临很多诱惑，听到各种各样的声音。如果随波逐流，不懂得自律，就很容易失控，以至于迷失方向。

唯有做一个自律的人，才能通过有效的自我管理，理清生活中的枝枝蔓蔓，让生活井然有序又自在轻盈，活成自己喜欢的样子。

承受：
别一受挫就绝望

文 / 萌叔

01

我曾做过一段时间的人力资源工作，主要负责针对应届毕业生的招聘。换言之，我就是许多人口中又爱又惧的"面试官"。

毕业生求职很辛苦，这我十分清楚，所以我从不板着脸，有时还会和对方说几句掏心窝的话，更没想过故意刁难。

在许多同学眼里，我大概是一位架着黑框眼镜、顶了几根白头发、蛮和蔼的大叔吧。

即便我再温和，每轮面试过后，公司还是会收到两三个电话、四五封言辞激烈的邮件，厉声质问为什么录用名单上没有他。

有时接起电话，听筒那边的人没说几句就抽泣起来，进而号啕大哭，最后天崩地裂。我只好劝她："姑娘，你先静静，咱这是找工作，不是找男朋友呀。"

找工作，其实是不存在好与坏的，只有合适与不合适之分。公司与求职者各取所需，这笔买卖就算做成了。没看上眼，咱就另寻他处，不丢人。

有些同学却如临大敌，把一次平常的拒绝也要看作人生路上的重大挫折。如此心境下，做出诸如谩骂等极端行为，也不难理解。

每到这时，我都会想起同事的一句感慨：输不起的人，真的活得好累。

02

有句话，我们念叨了几十年：

"落后，就要挨打。"

许多人的一生都在急功近利中度过，主流媒体也在宣扬同样激进的观念。最近还有知名报纸发表了一篇文章，标题很能引起一些人的共鸣:《孩子，我宁愿欠你一个快乐的少年，也不愿看到你卑微的成年》。

你瞧，这望子成龙的寄托是多么殷切，这出人头地的决心是多么坚定啊！但在打鸡血之余，我还是感到身后有丝丝冷风吹来。

从出生开始，每个人旁边都立了一根看不见的棍棒。它在年少时由家长挥舞，在成年后又转交到自己手里，没事儿就给自己来那么一下，生怕在和别人的攀比中落了下风。

在这样的家庭氛围中成长，弱点十分致命——

你很难获得内心的平静。

最直接的表象，就是输不起。

记得几个月前，我家小区楼下举办了一场少儿钢琴大赛。七八岁的小朋友轮番登台献艺，场面十分欢乐，我鼓掌都把自己的手给震麻了。

不料最后公布排名时，得了第二名的小女孩突然号啕大哭，身边的人劝都劝不住。最让我意外的，是她站在一旁的母亲，同样也是一副不情愿的样子，皱着眉噘着嘴，不拿第一不算完。

这只是一个以娱乐为主的小区活动而已，不知情的，还以为母女俩参加的是中央电视台青年歌手大奖赛呢。

我并非神仙，无法占卜这个小女孩的未来。但如果名次与地位在她心中继续霸占如此重要的地位，想必愤恨与不甘注定会成为她一生的主题。

03

成功学，在任何年代都十分流行。十年前，它的名字叫"哈佛女孩成长史"；十年后，它以各种鸡汤和励志书籍继续统治着人们的思想。

所有人心里都憋了一股劲，似乎名与利才是通往美好生活的不二法门。

然而事实并非如此。我们一直在追寻的，并非成功，而是幸福。换言之，我们所向往的，不过是脑中分泌的多巴胺罢了。

消极情绪对于多巴胺和幸福感的抑制十分显著，正因如此，我们才要学会如何正确处理挫折与失败。

首先，咱要时刻谨记一句话："尽最大的努力，做最坏的

在汹涌如潮的内心世界里，
我们需要风雨兼程、绝不轻言放弃的探险家，
但更需要惯看秋月春风，
一人一船、笃定前行的白发渔樵。

打算。"——做到前半句并不困难，谁都有一股子冲劲儿——难的是做到后半句。

记得看过一档比拼记忆力的电视节目，一名大学生一路过关斩将，冲到了决赛。赛前采访他时，他的口气与神情，仿佛自己一定会拔得头筹。

但他失败了。在镜头面前，一个身高一米八的健硕汉子，哭得像个刚出生的婴儿。不是眼圈泛红，而是号啕大哭。主持人表情尴尬，光是圆场就费了许多口舌。

国外有句名言：期望越高，失望越大。国内也有古训：尽人事，听天命。两句都表达了类似的观点。

实际上，完成一件事情，你的幸福感是与心理预期成反比的。心理预期越高，在事情做完后，你就越倾向于"这本来就是理所当然的"，幸福感便会越低。

只有降低预期，在头脑中将失败作为一种可能的结果并提前接受，才能少些戾气，多些淡然，以平和且坚定的心态面对挑战。

毕竟，努力与付出，可以决定一个人飞多高；而对于失败的承受与接纳，才会决定你摔多狠。

另一种心理特质同样十分重要——关注自身，而非过度在乎他人。

有句话你肯定不会陌生，甚至你自己也经常会这样想："我一定要活出个人样，来证明给你们看！"如此决绝，却又如此悲凉。

事实上，这个世界很少有人会真正关心你。即便活出了所谓的"人样"，收获的也大都是隔阂与嘲讽。

过度在乎他人、自我缺失的状态十分可怕。比如有些人一辈子都活在父母的阴影下，一句斥责就会让他放弃优渥的工作，与亲密的恋人分手，甚至和自己并不爱的人终老一生。

我同样见过许多人，同事的一个眼神、室友的一句话，都会让他得意扬扬或怒火中烧，内心的波澜永无宁息。

将他人的看法与自身的幸福感绑在一起，大概是这世上最赔本的买卖吧。

如同 500 年前，王阳明先生心学所强调的，抛开他人的影响，学会聆听灵魂深处跃然而起的声音，遵循本心，这是所有人都不该忽视的一项技能。

它值得我们终其一生去修炼。

人这一辈子，追求的无非是安全感与幸福感。哈佛大学为此开设了一门关于幸福的公开课，但在国内仍鲜有学校注重内心的修养。

正因如此，在物欲横流的社会价值观体系下，让自己获得平和，淡然面对成败得失，才显得尤为重要。

在汹涌如潮的内心世界里，我们需要风雨兼程、绝不轻言放弃的探险家，但更需要惯看秋月春风，一人一船、笃定前行的白发渔樵。

祝你幸福。

成长：
成熟就是深谙世故却不世故

文／夏知凉

01

对于一个打小在农村长大的孩子而言，被夸作"早熟"是一种荣耀。它意味着你足够懂事，可以分担父母的一些忧愁。

但这也是一个怪圈，因为你将背负这种光环去做一些超乎自己年龄的事，像拔苗助长一样，强迫自己变得坚忍、不可战胜。

所以长大以后，每每念及，又会觉得委屈；在该哭的时候，不能落泪；在该笑的时候，又要故作深沉。

那年，我13岁，刚刚上了初中，爸爸妈妈外出打工，家里就扔下我和祖母两个人。

走之前，他们问我："你和奶奶在家可以吗？"

我用力地点点头，略显骄傲。其实我很想说，不可以；想到家里并不富裕，也就一口应了下来。

学校离家有三公里远，其他同学住校，我走读，每天披着星光起，迎着落日回。捡柴担水，和奶奶忙完以后，再打开书包开始学习。

这样的日子，我坚持了整整两年。

初三学习任务重，有早晚自习，父母怕影响我，就不再出去赚钱了，我才算从家务中解脱出来。后来读大学时，有一次演讲，我提起了这件事，很多同学都问我，两年你是怎么熬过来的？

我笑了笑，本想说坚持一些信念就可以，但觉得心虚。

很多时候，我们选择一条路，不是因为这条路上的风景好，而是，只有这一条路可走。

十三四岁的年纪，有谁不想玩玩游戏，骑上单车和伙伴满世界地跑呢？受委屈觉得累的时候，谁不想找个人抱怨一下，被亲情或者友情暖一暖呢？

之所以选择一个人去面对，并不是我多勇敢，而是我知道，接下来的日子，我依旧无从依靠。

有失就有得，虽然童趣上有所缺乏，却也让我的性格和想法比同龄人更成熟。

在未来的生活里，受益于这段经历。

02

大学毕业以后，和很多人一样，我选择了去大城市打拼。父母努力培养我，也是希望我能从农村走出去。

于是，我带着一些对美好未来的憧憬和一腔热血，对自己喊："加油！加油！"

尴尬的是，刚步入社会，我就与现实撞了个满怀。我以为自己经历得已经足够多，吃了那么多苦，受了那么多累，就算不能运筹帷幄，也可游刃有余。

可现实总会告诉你，此路不通，那条路也不行。

我所在的单位是一家跨国电子产品制造公司，规模不小，有着不错的前景可以展望，所以我也是异常努力。

我所在的团队有 13 个人，组长叫大生，30 多岁的样子，在公司干了七八年，人看上去还不错，说话都是客客气气的。

既然这样，我想就放开手脚去干吧。开会时积极发言，不断地提出建设性意见，身体力行，不知疲倦，所取得的成绩也让自己很骄傲。

遗憾的是，江湖险恶，半年以后，大生用了一个非常巧妙的手段，把我所有的业绩据为己有，并因此得到了高层的嘉奖。

我去找他理论，他笑着说："不要大惊小怪，我也是这么熬过来的，走，请你吃饭。"

我爸跟我说吃亏是福，新人难混，所以我就忍了。接下来，我继续努力，年终评估的时候，一个业绩平平、和我一起进公司的同事却升为了组长，成了我的上司。

一怒之下，我就辞了职。我是整个部门业绩最好的，从不迟到，一直晚退，周末都在加班，客户好评如潮，偏偏不得重用。这倒也罢了，一个整日打哈取乐、得过且过的人，却升了职。

小时候，我自己生活，以为那就是成熟；大学时独当一面，以为世界也不过如此。

现在看来，都有些幼稚，每个环境都有自己独特的规则，你不遵守，就会被淘汰出局。

能在社会上找到自己的位置，是走向成熟的必要一步。

想起我爸的话，吃亏是福，无论你有多强，都要学会示弱；不是要丢失自我，而是，在你奔跑之前，首先得学会走路。

法律上把 18 周岁界定为成年的标准，可是在我看来，如果一些必要的事不能掌握和做到，即使 80 岁也不能算成熟。

活到老，学到老。

03

工作后的第二年，我跟一个江南姑娘恋爱了，情投意合。

生活中，能找到值得为之一生去努力奋斗的目标，是一件让人欣喜的事情，比如婚姻、家庭。

我父母听说以后，也特别高兴，四处筹钱，打算让我在城市里安个家。他们不图别的，一家人平平安安，举案齐眉，就是最大的幸福了。

可是，在一起两年后，女友突然提出了分手。原因是她的初恋从国外回来了，打算给彼此一个既往不咎的拥抱，重

能在社会上找到自己的位置，
是走向成熟的必要一步。

修旧好。

失恋那段时间，我特别难过，常常喝醉，工作也不上心，后来公司裁员，我不幸就失了业。

打拼了三年，一下子变得一无所有，心灰意冷之下，我回了农村老家。父母劝我，人生总是要经历起起伏伏的，大不了从头再来。

不久，我又重新回去了。摸爬滚打三年多，我想，我又成熟了一些；至少，感情上不会再轻易受到伤害。

毕竟，人生有好多事要做，爱情不是唯一，还有亲情、友情，而我，也必将能遇到陪我一生的人。

如果我真的就这样退缩了，那才是对家人、朋友及所有关心我的人的辜负。

同时，我也明白了一个最浅显的道理——好钢，必然要用烈火淬炼。

04

一晃走向社会五年了，经历了很多，也学到了很多。

很多人说我没有了年少时的锐气，变得温和圆润了，连我父母、朋友也都这样讲。

其实，越长大，懂得越多，越能发现自己的不足。不是我变了，而是我学会了该怎样和这个世界相处。

鲁迅先生曾说过："人世间真是难处的地方，说一个人'不通世故'，固然不是好话，但说他'深于世故'也不是好话。"

一个人若过于圆滑，便会失去本我，进而随波逐流；可一个人不通人情，同样会被人群孤立。所以经过这么多年的蜕变，我认为，深谙世故却不世故就是成熟的一种表现。

就像刚刚走向社会时的我，常常因受到一点点不公平对待，就感觉自己被全世界辜负了，甚至趾高气扬地和别人争辩。如果当时我能放下姿态，妥善友好地和别人交流，结果可能就会大不一样了。

尤其在这个浮华的世界，网络、媒体这么发达，每个人都是意见领袖，都想要发声。

然而你不难发现，一个真正成熟的人，他会很有涵养；不是他没有脾气，而是他更懂道理，更懂得怎样与人沟通。

毕竟，不是谁的声音大，谁就是对的。

我的老师就曾这样告诉过我，要想做成一件事，得首先敢于承认自己错了；要想拥有一些东西，必然得学会放弃。

真正的成熟，是年龄无法界定的。

我们努力奋斗的最终目的，就是为了创造更好的生活，所以不要本末倒置。无论什么时候，你都应该有一种平和的心态，少一点计较，多一点包容。

物质、情感、工作、生活等诸多因素，都是一个人在成长过程中需要点滴积累，逐步去认识完善的。我们所形成的任何观念，都是自身价值的所在。

这个世界或许的确存在不公平和纷纷扰扰，很难分辨谁对谁错，但人心总会有一把尺，在丈量着自己的行为。

人情练达而不世故，敢于承担而不盲目。无论世界多么纷扰，内心都能存留一块净土；无论你成就有多高，你最不能丢失的就是快乐和善念。助人强者必自强，有原则的宽容，是对自己人格的褒奖。

成熟不仅仅是一种责任，更是一种智慧，它代表着一个人存在的价值。

最终，也将成就更好的自己。

爱情：
爱是一种能力

文 / 极乐

　　爱的能力是一种艺术，我需要塑造一个人物，才能表达出一个人的爱的发展过程，这个人物汇集了很多人的影子，我们和她都有相似之处。我们用尽一切，抵御孤独。

　　小薇七岁以后，就再也没有见过爸爸了。不久，她妈妈也离开了，只剩下她和奶奶相依为命。

　　妈妈走的那个晚上，小薇没有哭，因为她知道没用。奶奶对小薇很好，但十岁那年，小薇变了，她不再满足于奶奶给她的爱。

　　她喜欢上了一个男孩，这个男孩总是带着笑，很干净，但是她不会告诉他的，她想等到小学毕业的那一天告诉他，画上一个句号。儿时的爱是用尽全力的，孤独的孩子喜欢阳光的孩子，乖孩子喜欢叛逆的孩子，不自由的孩子喜欢自由的孩子。我们生而残缺，所以寻找那个不一样的自己。

　　到了初中的时候，小薇感觉自己不受控制了，体内似乎有一股力量，逼迫她与他人更亲近，但是她不敢，渴望却又得不到，那便是孤独。小薇经常这样想："或许我有父母就不会如此悲伤了吧。"也是在那个时候，小薇走上了寻找父母的路。

　　某天晚上，小薇肚子疼，朦胧中舍友倒了一杯热水给她，这是她第一次恋爱，和一个女孩——小可。起初，小薇扮演那个被爱的角色。后来，慢慢地，两个人的关系开始变得不好了。因为小可也希望被爱，她们之间的终极矛盾是双方都渴望成为那个被爱的人。这种矛盾不可调和，最终她们分手了。

　　高中的时候，小薇开始被男孩子追求了。那是一种奇怪的感觉，小薇自己明明没有那么喜欢他，但是会不由自主地关注他，明明不需要他对自己好，但是控制不住还想再要更多的关心。

　　这是一场一拍即合的游戏，男孩子需要付出、需要被需要来证明自己的价值，女孩需要被爱、需要被呵护来感受自己的存在。我们都以自己独特的方式寻找爱，我们的爱都不是为了对方，只是为了自己，为了让自己不再孤独。

　　小薇第一次感受到那么强烈的幸福感。她发现，原来自己一直以来那么难受的原因就是缺少拥抱，她爱上了拥抱的感觉。

　　那是一个春天的下午，已经有了夏天的影子，小薇答应了一个男孩小林的追求。小林对小薇真的很好，小薇也很感动，小林的爱就像奶奶的爱，没有条件，没有边界。然而当被爱成了习惯，我们也会慢慢厌倦。小薇越来越厌倦了，小薇第一次出轨是和一个学长，他们接吻了。对小薇来说，接吻没有太强烈的感觉，但却有一种终于获得自己心爱的玩具的快感。后来，接触了更多的男孩，小薇觉得小林很无聊，她越来越反感小林对自己的关心。她一次次要求和小林分手，直到两个人都感到疲惫。

　　那个秋天真的比往年冷，小林离开了，周围形形色色的人都离开了。似乎真的有命运，一瞬间，小薇从白雪公主变成了灰姑娘，她感到很孤独很孤独。原来，孤独是得到之后的失去，她懊悔极了，无法忍受一个人的感觉了。

在人生的最低谷，小薇在网上遇到了小狼。那时候，小薇上高三，学习压力、孤独都压得她快要喘不过气来了。小狼就像在她溺水前驶来的孤舟，让小薇可以不用再那么挣扎。小薇对小狼很好，因为小薇反思了自己和小林的一切。她认为错在她对小林不好，她不想再伤害别人，所以她对小狼很用心。

在最冷的那天，小狼来看小薇。在没有窗户的宾馆里，小薇没有拒绝，在最痛的时刻，小薇脑中浮现一句话：爱他，就给他一切。如果小林知道小薇的想法，他会感到悲哀吗？我教会了你付出，你把所学到的都给了别人。

小狼几乎满足了小薇对男人所有的幻想：成熟、热情、强大。她愿意为小狼付出一切，包括尊严。自恋的男人总是那么奇怪，他们会伪装成一个强大的自己，如果别人不信，他就会攻击对方，如果别人信了，他又不会珍惜。

大一那年，小薇知道了小狼出轨的事情。舍友们都告诉小薇，小狼就是一个渣男，但小薇还是去找小狼了。其实舍友们都不明白，把小狼说得越差，小薇越有成就感，因为这样，她的付出才有价值，只有付出才能让她感受到充盈的满足感。年轻时的爱，就是一场幻想的盛宴。我们都以为自己是世界的中心，自己的一切付出都会被世人得知，别人都觉得我好，我才能不孤独。付出不只是为了对方开心，更多的是满足这个世界的需要。

小薇留在了小狼所在的城市陪他，她已经把小狼看作一切了，然而小狼最终还是走了。那一刻，小薇觉得这个世界再也没有什么可以留恋。她走到了楼顶，却没有跳下去的勇气。她抱着自己的腿在楼顶哭，她所能想到的全部都是悲伤。那一天，小薇不知道怎样回到了住的地方，奶奶说："回来读书吧，我们所能做到的就是让你好好读书了。"

和大多数毕业生一样，大四是繁忙的。小薇现在的男友叫小华，一个简单的男孩子，没有什么大的志向，不错的家庭条件让他做什么都不会那么费力。很多人都说小薇很幸运，遇到一个这么好的男生，但爱情是一个那么奇怪的东西，当追寻爱情的时候，我们愿意放弃一切，当我们拥有爱情的时候，爱情又那么容易被现实打败。

小华的母亲不喜欢小薇，其实妈妈们都一样，在孩子很小的时候，会觉得全世界的异性都配不上自己的孩子；当孩子过了 28 岁，又觉得什么异性都可以。三年后，小薇和小华的爱

如果你遇到一个人很看重爱，
你应该羡慕他，而不是觉得他幼稚。

情结束了。外界的压力造成了他们内部关系的动荡，两个人都没有了继续的勇气。进入社会的这两年，他们都变了，变得不再那么看重爱情，变得很难再为爱孤注一掷。

很多人都问过我，你相信真爱吗？我说，不信。

你先别急着反驳我，你应该怜悯我。我们每个人嘴里说出来的爱，都是我们自己经验的累积。如果你遇到一个人不相信爱，你应该怜悯他，而不是觉得他无情；如果你遇到一个人很看重爱，你应该羡慕他，而不是觉得他幼稚。

小薇曾经那么相信爱情，现在她不信了，因为她被现实打败过。

我问过周围的一些人，爱是什么？

大多数人都会告诉我，曾经有一个人，对他那么好，这个人可能是伴侣，可能是父母。很多时候，当我们说到爱的时候，说的其实是被爱。

爱有两个部分，一部分是追求，伴随着激情和惊喜；一部分是相处，伴随着摩擦、乏味、亲密。在追求部分，我们被显性文化潜移默化地要求着。社会告诉我们，女人需要温柔、体贴，男人需要成熟、大度。我们会往这个方向塑造自己，来争取更多被爱的可能。与此同时，我们也被隐性的个体亲密关系的经验控制着，比如缺少父母的爱，所以我们希望在两人关系里面扮演孩子；比如上一段爱情中我很被动，那这段感情中我就要尝试主动；比如我的父母之间总是互相指责，那我们在恋爱中也会强迫对方。

而在相处部分，我们似乎都很茫然，没有了任何经验的指导，我们不知道做的是对还是错，就好像童话故事的结局，永远都不会提及王子和公主婚后的生活。

我认为，爱是一种工具，帮助我们克服孤独的工具。

我们会一直孤独，所以我们需要克服孤独一辈子。

我们可能都知道在追求部分如何吸引对方，但是很少有人觉得，相处部分才是需要学习的。

爱是一种能力，它包括沟通、尊重和信任。

一切关系都需要建立在了解的基础上，而沟通是互相了解最好的方法。沟通很难，我们需要面对别人知道自己自私后的反应，我们也需要面对可能自己没有那么重要的事实。

一个男孩问我，现女友为前男友打过胎，他该如何淡化这件事对他的影响。他是无意中得知这件事的，当女友问他有什么看法的时候，他说愿意接受，但是他似乎做不到，尽管他想做到。

这是两个人的事情，是这个男生和他女友需要一起面对的东西。但是我们往往不敢说出自己真实的看法，怕伤害别人，怕别人觉得自己没有那么大度。我们开始变得有隔阂，开始孤独。

他们之间需要的不是谁变得更强大，而是更多地交流彼此的想法，让感情更加稳固。只有沟通才能让这个男生知道，到底是女友太浪荡，还是她也曾不懂得保护自己；只有沟通才能让他知道，其实她也很难过。

要迈过这个坎，只有沟通才能使得两个人的关系更加稳固；反之，孤独地求索方法，这永远都是一道坎。

一个女孩问我，男友总是玩电脑游戏，不愿意给她打电话，她该怎么办？

玩电脑是男友自己的选择，我们无权干预，可能需要做的只是告诉他：我需要你多陪陪我。

女孩告诉我，说了啊，但他还是照样玩。

那下面就很容易了，你说出了自己的需求，他也做出了选择。下面轮到你选了，你愿意和这样的男孩子在一起吗？
如果愿意，那是你为自己的选择需要忍受的；如果不愿意，
那就离开。

我们所能做的只是做出自己的选择，我们做不到也没有资
格让别人为我们改变。所有的改变都应该是主动的。

尊重是关系边界建立的开始。

一个已经成为妈妈的女人问我："一个出过轨的男人还会
回头吗？他真的不会再犯了吗？"

如果我告诉她不会，那么她真的就会相信那个出过轨的丈
夫不会出轨了吗？如果我说会，她真的就会有离婚的勇气了
吗？她不需要答案，需要的只是安慰。

信任就像一个气球，一旦有了一个口，就会迅速瘪下去。
我们都不可能回到过去，除非重新认识，也就是再吹一个气球。
只有重新认识才能使得信任重建，减少对对方带来的伤害。

一个女生不想和未婚夫结婚，她如数家珍地告诉我，她未
婚夫做了哪些不可告人的事情，就像她有一个账本，记录着所
有关于未婚夫的不信任。其实信任从未有过，人与人之间起初

的交往都是不断试探，直到慢慢稳定，信任得以累积。

这时候，她进一步问我，那要如何信任自己的未婚夫呢？

姑娘，你搞错顺序了，不是需要你信任自己的未婚夫，而是等你信任了他，再准备和他结婚。

爱是一种能力，我们都需要学习。

你爱上一个渣男，不是他的错，而是你还没有能力选择恋爱的对象。

你们不断争吵，不是性格不合，而是你还没学会如何应对冲突。

爱是要学习一辈子的。

自由：
你有多自律，
就有多自由

文 / 杨熹文

01

女友辞去工作三个月后，我敲响她家的门。

一声，两声，三声，本期待着一个快活的灵魂，却看见从门缝里探出这样一个人，蓬头垢面，衣着邋遢，两眼求救般地看着我："我想去上班……"

遥想三个月前她铁心铁意地对我说："我决定辞职，朝九晚五的工作逼得我发疯，任何自己想做的事情都找不到时间做，我也该享用点自由了。"

朋友辞职前是公司前台，每天需七点起床，精心打扮，亦要在工作中的任何时刻摆出微笑的表情，这一切在她看起来皆是束缚。辞职后的她终于脱离诸多限制，颇有兴致地列出一张清单，写满自己一直想做却没时间做的事，比如读书、健身、学韩语……

她充满期待地告诉我："能看见自己坐在房间温暖的一角，喝着咖啡读着书，阳光晒在肩膀上，那种美好的景象，我脑袋中一直都有。"

可是，三个月后，我走进她的房间，却看到这一派景象：脏衣服堆满了墙角，被子团在床中央，茶几上摆满未洗的咖啡杯，吃空的饼干盒和咬了一半的巧克力散在地毯上……我需要踮着脚走路，才不会踏到地上的杂志或踢倒酒瓶，整个房间犹如强盗洗劫后的场面。

无须多问就能知道这几个月的日子她是怎样过的，自然也可以想象辞职最初的那些美好计划是否落了空。她一身睡衣睡裤，看着我，言语绝望："我已经胖了五公斤。"

我忽然想起那句值得深思的话，"自律者方得自由"。

02

刚出国的时候，我租住在一户人家里，男主人每日出门上班，孩子们就读于附近的小学，女主人做家庭主妇，负责打理生活。

在我狭隘的观念里，"家庭主妇"这种职业即代表一种自由，在"煮饭"与"做家务"之余，可以用一种类似于散漫的态度去生活，比如可以一整天素颜，穿睡衣，不用在家中注意举手投足，也无须有任何条条框框的压力，就如我小时候看到的母亲、姨妈、邻居大婶们一样，不施粉黛，举止粗俗，苦大仇深。

可我从未遇见过女主人如此自律的家庭主妇，她每天早早起床，为丈夫和孩子准备早餐，送别家人后换上运动衣，在附近的街区跑上一个钟头。回来后，洗过澡化好妆，一条裙子光彩动人，下午时则雷打不动地看上一个钟头的书，一杯咖啡配一小份甜点，这习惯不会因任何事改变。除此之外的时间里，女主人和其他的家庭主妇一样，跳进一个尽职尽责的角色里，去照顾丈夫和孩子们。

那时，我工作辛苦，每天都盼望着星期日能够在床上躺一整天，自然不理解女主人为何给自己的生活添进种种人为的约束，更无法知道为什么她似乎比我见过的所有家庭主妇，更从容、更快乐、更优雅。

她从不在食量上放纵自己，亦坚持运动，得以在婚姻七年中保持着两位数的体重；她又一直读书，从未和丈夫的世界脱轨，教育起孩子也温柔有方。更难得的是，她的神色从容，一双眼睛流露出发自内心的幸福和满足，那是中年女人所能拥有的最珍贵的表情。

这和我一直以为的自由有悖，但我很快发现，我那种"每日回家就倒在床上，休息日恨不得一天都在床上度过"的生活使我变得异常懒惰而不快。我意识到，自己有相当一部分不快乐正是来自这种空虚的"自由"，它让我的生活不受控制地走着下坡路，限制了我想成为更好之人的能力，阻碍了我想获得的那种生活方式的脚步。

我突然觉得，这种自律带来的自由，恰恰就是掌控自己生活的能力。

03

我从 2014 年开始跑步，至今坚持两年之久，起初是因为无法忍受对肥胖的厌恶，渐渐发现，跑步给我带来的更重要的启发，是让我意识到了自律带来的力量。这种时时与自己的惰性做斗争，又在一次次斗争中超越自己的过程，正是自律带给我的阶梯式进步人生。

村上春树也如此形容过跑步为自己带来的意义："人本性就不喜欢承受不必要的负担，因此人的身体总会很快就对运动负荷变得不习惯。而这是绝对不行的。写作也是一样。我每天都写作，这样我的思维就不至于变得不习惯思考。于是我得以一步一步抬高文字的标杆，就像跑步能让肌肉越来越强壮。"

以我自己两年的亲身体验来说，跑步是训练一个人"自律"能力的好方式。我曾是一个吃无节制的人，又喜欢过度消耗自己，但跑步让我成为一个自控力极高的人，令我可以坚持每天早起，准时踏上跑步机，拒绝拖延工作内容，在无论多热爱的食物面前也能控制自己想放纵的念头。

在我所结识的跑者中，几乎所有人的生活都是自律的。大部分人有着规律的作息时间，保持着健康的饮食习惯，甚至对时间也极为珍惜。这种自律，成为很多自由的基础，也成为很多成功的基础。

看过一些成功人士的新闻或自传，发现跑步或者说自律，是很多人的特点之一。

苹果公司 CEO 蒂姆·库克凌晨四点半开始发邮件，之后就去健身房。

自律带来的自由，
恰恰就是掌控自己生活的能力

奥巴马坚持每周至少锻炼六天，每次大约 45 分钟，只有星期日才会休息。

马克·扎克伯格去年的计划是每天跑步一英里，除此之外，他的生活里还有每个月读两本书，坚持学中文。

……

托马斯·科里创造出"富有的习惯"这个短语，他用五年时间研究了 177 个富有人士的生活，发现其中 76% 的富人坚持每天做有氧运动 30 分钟以上，也有一半以上的人每天至少在工作前三个小时起床。这大概也是自律的某种形式。

严歌苓总结自己读过的经典文学作品的时候也说过："我发现这些文学泰斗——无论男女——都具备一些共同的美德或缺陷。比如说，他们都有铁一样的意志，军人般的自我纪律，或多或少的清教徒式的生活方式。"

04

2016 年年初辞职后，我的生活除了工作内容发生改变，其余并没有发生很多变化。我依旧早上 6 点半起床，叠好被子，收拾好房间，去跑至少 5 公里。回来后，换上漂亮衣服，化好妆，坐在书桌前写至中午。下午时搜集材料，构思文章，回复读者。晚间小酌几杯，读书或会友。

生活里一切均有秩序，在形式上和做一份平常的工作并没有太大差别，而自己也从这份自律中得益，保持身材，生活充实，事业稳定，能够感受自己正掌舵着生活，朝着更好的方向。

偶尔来做客的朋友会把我当作奇葩看待："那些出门买菜都要化妆的女孩就够令人费解了，你为什么在家也要化妆？"

和取悦别人、取悦自己都不同，我深以为这也是一种"自律"。从一天之初穿上漂亮衣服、化好妆，整个人干净体面的那一刻起，我就知道面对这一天的态度，也应该是如此郑重而严肃的，绝不容有半点懈怠和马虎。

记得很久以前看过康德的一句话：**所谓自由，不是随心所欲，而是自我主宰。**

而现在的我更加坚信，自律是一个人在年轻时可以培养的最有益的习惯。

Part 3

有趣过生活

有趣可以抵挡生活的无常：

一个有趣的人，敢于直面现实、勇敢突破自己，

在无常的生活中，亦能保持自己的态度与格调，

不随波逐流，不落俗套，

灵魂永远盎然挺立，欣欣向荣。

眼界：
真正的高手，
是雌雄同体

文 / 蔡尖尖

　　古典老师在《拆掉思维里的墙》中一书写道，他曾经在 2006 年的一次职业规划师交流会上问了一个问题：如果一个人手里拿着一个水杯，他下一步最好的选择是做什么？

　　有人说应该去装水，有人说应该分享给别人，有人说应该认真分析，用最好的方式来利用水⋯⋯你会怎么选择呢？

　　古典老师说：一个人手里有一个水杯，他应该去做自己想做的事情，和这个水杯有什么关系？

《礼记·中庸》有语曰："万物并育而不相害，道并行而不相悖。"意思是万物同时生长而不相妨害；日月运行四时更替而不相违背，道并行而不相悖的包容精神与和合之道。古人中庸之道智慧满满，这是从一种非常大气的角度阐述，而我们生活中常常陷入非此即彼、非黑即白的极端思维之中，无法跳出思维的桎梏，经常纠结彷徨。

智能时代的到来，让现代人的阅读习惯从"书籍时代"转移到"屏幕时代"，越来越多的人开始采用简单便携的电子阅读器和手机客户端进行阅读。其中，碎片化阅读凭借"短平快"的优势，能够随时随地方便快捷地实现阅读需求，也带火了一大批微信公众号。

无论大号小号、大牛小咖，每天发布的文章不计其数。每一篇文章都有作者独立的思想和表达，除了主流思想之外，还有不少特立独行、标新立异的新思想。然而也不乏很多为了刷流量，观点偏激的炒作作品，也因为极大的争议性而广为传播。因为对内容和思想不容易甄别对错，大量受众养成了一种偏向思维。

正如那句"一个人手里有一个水杯，他应该去做自己想做的事情，和这个水杯有什么关系"，在我们的生活中存在同样的问题，"学习就一定不快乐吗？""理智与情感水火不容吗？""职场里，会拍马屁的人就一定是华而不实的吗？"

01

　　Yomi 是一个四岁孩子的妈妈，深夜给我发来了大段大段的内容，大概意思是批评了时下大家教育孩子焦虑、攀比的状态，身边的人纷纷把孩子送到了各种各样的学习班。她觉得，小孩子们看起来是很优秀，但也觉得这些孩子失去了本身应该有的童年欢乐时光。

　　等到自己的孩子逐渐长大，开始表现对画画的极大兴趣，身边的人都开始劝说她应该把孩子送到兴趣班去。她很苦恼，一方面不希望自己的孩子落后于人，另一方面又不想孩子失去原有的兴趣，她想保护这份童真和纯粹的绘画意境。

　　我认为，父母首先应该拨正内心原本被根植的思维模式，才能从这个焦虑又攀比的困境中脱开。

　　龙应台就学习一事回答过自己的儿子："孩子，我要你好好学习，是为了你长大后有更大的选择空间，过有成就感和尊严的生活。"

　　这个教育导向并没有问题，也是一个事实。学习好、技能

多的人，可选择面广，工作更体面，生活更有保障，这是所有
父母想到的对孩子未来最好的一个构想。

然而，问题就出在这里，这个本来美好的构想却变成了父
母手中一根抽驴子的鞭子，一边告诉驴子前方有一堆胡萝卜，
一边抽打着驴子赶快走。但对于驴子来说，这种虚幻的胡萝卜
遥远得根本不具备诱惑力。

于是有人给父母提出了一个看起来无比正确又有力量的理
由——孩子，我宁愿欠你一个快乐的童年／少年，也不愿看到
你低声下气的成年。

光这个标题就足够让家长们继续铆足了劲儿逼迫孩子学
习，最后真的如愿以偿让孩子不快乐，同时也不见得很多学生
就会有一个好成绩，反而在记忆里留下了学习非常不愉快的印
象，成年后对修习常规知识会有种下意识的抵触心理。

其实，开心快乐和成绩好，根本就不存在什么对立关系，
反而是一种相生相随的集合体。

回想我们的学习时代，学习好的同学一般都挺快乐的，快
乐度与成绩成正比。反而是学习成绩不好的同学，看起来到处
玩得很开心，其实心理压力比较大，很难真心快乐起来。

我的朋友王博士对这个说法深表赞同，并且自我佐证，她

本身就是成绩好又快乐的人，她周围的博士大多数都是保持了好奇心、随时随地能够自嗨的人。

从正统的教育学、心理学上分析，学习实际上是一个学习方法的习得过程，所以在阶段进程中，重点应该培养孩子对学习的好奇心和责任心，知识的摄取就是自然而然的事情，学得好学得深，就能进入良性循环。

如今，太多的家长眼光只盯着孩子的学习成绩，动辄打骂、讲大道理。这样的话，孩子不但成绩上不去，还会导致人格不健全等问题，根源就在于人们混淆了"不会教育"和"不快乐"的概念，孩子不过是为了家长自己的愿望埋单。

我曾见过一个特别优秀和快乐的孩子，每天的兴趣班课程满满。家长表示，因为从小就注重引导阅读和其他兴趣，对于他来说，去上课、去画画、去运动就是玩一场、休息一场的概念，根本不存在什么需要强迫的事，孩子甚至觉得，有趣的事情那么多，时间为什么那么少呢？

所以我对 Yomi 说，孩子对画画有兴趣当然是件好事，应该给孩子一些专业而系统的训练，让孩子通过绘画取得一次又一次成就感，激励他获得更多的自信，去探索更多其他兴趣和知识，这本来就是毫无冲突的双赢办法。

去掉这种非此即彼的思维，她觉得自己心理压力减轻了很多，也愿意接纳、学习更多的儿童教育知识。

所以，你的思维变了，这个世界就变了。你的思维和眼界决定你看到的世界是什么样子，也决定了你带给孩子的是焦虑不安，还是有趣而生动的知识世界。

02

我曾在《罗辑思维》上听到这么一个事例：一个年轻人提问罗胖，自己和女朋友的婚事遭到了父母的反对，在孝顺和感情之间，他挣扎得很痛苦，求问应该怎么办。

罗胖哈哈笑了："这有何难？小伙子，你是把孝顺和感情搅和到一起去了，该孝顺的时候就孝顺，该和女朋友保持感情就保持感情，这两件事情本来就不冲突，你非得取舍其一当然觉得痛苦了。随着时间推移，家里人看着你确实幸福，他们也不会反对。孝顺并没落下，心爱的姑娘也在身边，这不是两全其美吗？"小伙子恍然大悟，如醍醐灌顶，真真是一语惊醒梦中人。

一般情况下，人们都认为，用理性解决是只考虑寻找解决问题的最佳方法，而用感性解决是只考虑如何让自己最高兴的方式，甚至把这个分给了男性和女性作为各自的代表方式。

人们普遍会认为女人总是过于感性，男人过于理性，然而
两性关系里的常胜将军，却是那些将理性和感性配合得如同左
右手的人，并不区分男女。

小姐妹橙子产后抑郁了，苦闷之下要求买部苹果手机安慰
一下自己。而她的老公告诉她，买手机也行，但是毕竟对于小
家庭来说，是个不小的支出，更何况还准备攒钱买房子。如果
买了，就不要再整天叽叽歪歪心情不好，但如果考虑家庭情况
不买，也是你自己的决定。

这下让橙子更加苦闷了，暗地里流了几次眼泪，站在她的
角度，手机不过是一种想要老公注意到她，并且肯定她的付出
的一种诉求。然而话说出口后，买了手机，倒像是她不讲理、
不体谅家庭情况；但是不买，心里又咽不下这口不被重视的
气，进退两难。

她老公也表示很委屈：我说了让你买了啊，你又说不买
了，不买又怪我头上来，我整天累死累活的，还给我个安生日
子过吗？能不能理智点、想想我的话有没有错？怪我咯？

我和橙子老公说："其实你换个想法，橙子生孩子辛苦
不？"（感性介入）

他说："辛苦啊，我知道她从怀孕到生小孩都挺不容易，心里是感谢她的。"

我说："她生了孩子后，激素水平变化，而且照顾孩子没日没夜的，也挺累，现在大家的注意力和重心都移到小宝宝身上，作为妻子，她会有种被遗忘的感觉。"（理性分析）

他说："这个我倒是懂，但那是一部手机就能安慰的吗？"

我说："我知道你心里有她，先体谅她的不容易，让她能够心情愉悦地照顾孩子，家庭和睦稳定比时时刻刻记着攒钱买房子重要得多吧？"（感性介入＋理性引导）

他回答："那是的，她心情好的话，大家就都好了。"

我说："所以，你这个话其实应该换个说法——手机买！老婆你辛苦啦，买了手机后可以多拍拍孩子的照片记录成长，至于钱方面不要担心，我努力多挣就好。"

至于是不是真的能多挣点外快补上这个缺口，那是另外一码事。橙子既能把注意力放到记录孩子成长上，又可以感到自己得到了老公的重视和肯定，听到最后一句还能体恤他赚钱辛苦，也会明白他也一起在为这个家庭付出努力，可以减少很多无谓的怨念争执，这个效果的价值可远远超过了区区几千块钱。他仔细想了一番后，点头称是。

感性是皮，理性是骨，两者都是必不可少的，
太感性了矫情，太理性了没有人情味。

感性是皮，理性是骨，两者都是必不可少的，太感性了矫情，太理性了没有人情味，理性的事情用感性的话说，感性的事情带着理性处理，相得益彰。

要不怎么说真正的高手是雌雄同体呢？

要是能在想起对方时处事理性有分寸，温柔时要多感性就多感性，这种交错的愉悦体验，哪是那些整天嚷嚷自己就是感性动物、就是理性思考的人能够体味得来的？

03

我们给小孩子的教育对是非的认知很明朗，不是对就是错，不是白就是黑。但在这两个极端中间有一个范围很大的灰色地带，它暧昧不明，难以界定，属于黑白之间的缓冲区和过渡区。这是我们长大后渐渐才得以窥探的事。

注意，这个"灰色地带"只能是作为一个状态描述的中性词语，而不应该是贬义词。不从极端例子来推测的话，我觉得是一个人把待人接物掌控到平衡的理想状态。那些依旧停留在非黑即白的世界里的人，我们很容易就会觉得他情商低。

比如职场上，拍马屁这事总是首先被诟病，光拍马屁给人一种华而不实、不干实事的感觉，埋头苦干宣称自己不得志的也大有人在。

在小鲁这里，那完全就不是个事。领导赏识有加不说，能力也是有目共睹，而且他可以做到毫无保留地分享自己的营销经验，同事、下属都无话可说。偶尔有觉得他有拍马屁的行为的，也没法有异议。为什么？

第一，他业务精熟，多个区域都是自己亲自跑市场，最高纪录是一天跑了六个城市的渠道点，这样一来他就掌握了很多实时信息；

第二，亲自随着售后跟单，不给发货和收货增加纰漏，如果有问题，记录下来；

第三，这是最厉害的，就是请教问题，只要有不懂的就问，直属领导问，大老板也请教，逮住就问，逮住就说，句句都在点子上，当然马屁也会紧紧跟上，让人得到双重享受。

你说，这样的下属、这样的员工，领导、老板能不喜欢吗？所以，小鲁年纪轻轻就已经能在一线城市有车有房，轻松安置父母妻儿。

生活里这样的小事情特别多，去理解人性也顺应道德规则，你会发现世界大不同。

当把貌似矛盾的事情融会贯通，你就会发现，它能成为能者的利器，耍得虎虎生风。梁羽生《七剑下天山》中的天瀑剑是一把双头的剑，使用时随意变，始端随意，阴阳互易，转易颠倒，柄芒不分，忽攻忽守，前后左右，意到随成。

王夫之在《读通鉴论·汉桓帝》中记叙："严者，治吏之经也；宽者，养民之纬也。并行不悖，而非以时为进退者也。"指治理官吏要严，养育人民要宽，两者好比经、纬二线，交织而成。

一个人本身的纵横捭阖，就如经、纬二线，能把办事状态切换自如，是一种高超的技能，基本的前提是懂得融会贯通，不使用单一思维来把控事物的发展情况。

这个世界，从黑白对立到五彩纷呈，不需要多么智能、多么先进、多么现代，需要的只是我们摒弃陈旧的思维认知，跳出固有的思维模式，转换观念，更新思维。要知道，人与人之间未来的价值差异，决胜于思维。

思维：
你交往的分寸感，
决定你能走多远

文／蔡垒磊

　　人活一世，漫漫数十载，总免不了同其他人打交道。既然打了交道，就分打好和打坏，有时今天刚跟他一见如故，明天就跟他有嫌隙、交恶。为何我们经常处理不好同他人的关系？很多人就如同苦思冥想的求道者，苦寻妙法却始终不得甚解。

　　每个人都是移动着的"火把"。当你靠近时，既能照亮他人，又能给他人带去温暖，但如若靠得太近，则会汗流浃背，乃至灼伤彼此。打篮球时有个圆柱体规则，每一位队员都有权拥有他所在的地面以及上面的空间组成的圆柱体，一旦侵犯就是犯规。在人与人的交往中，也有犯规。我们要学会的，就是誓死捍卫自己的圆柱体，同时切莫把手伸入他人的圆柱体内，保持好那个恰如其分的距离。

01

划清自己的界限。

每个人都该有自己的界限范围，可以很大，也可以很小，但不能没有。如果没有，意味着他人可以随意侵入你的领地烧杀抢掠而不会有任何后果。

划清界限意味着你给自己的领地筑起了一座高墙，我们有时候也将其称为"原则"。高墙以外的公共区域，是交流区；高墙以内的私人区域，是警戒区。要捍卫自己的警戒区，你需要端起自己的枪——说"不"。

这个社会上会有很多人教你说"不"的艺术，告诉你要如何委婉地表达，如何为对方保留足够的面子，如何解释自己并非不想帮忙等。不，这些说辞只会让对方以为有转圜的余地，从而不停地说服你，当对方最后发现无论如何也无法让你就范时，他的内心会更加反感。"早知道就不跟你多费口舌了，浪费我这么多时间"，他只会这样想。所以，你只需说"不"，带点礼貌但无须太过谦卑。你需要懂得，在你自己的领地范围内，你无须经过对方允许才能拒绝。

界限是无时无刻不在动态调整的，并非一成不变。小时候别人调侃我们某个缺陷的时候，触及了我们的界限，但长大后再提起，我们可能渐渐没那么在意了，这就说明我们在这件事上的界限范围往里缩了，我们留给他人可供交流的区域变大了。

在人与人的交往中，在平行交流或实力不明的情况下，多数人都想争得一定的话语权与优势，因此，我们经常会在不知不觉中不断试探他人的界限范围。当触碰到他人的警戒区，察觉到对方的抵触心理时，我们会暂时退出，然后在潜意识中画上一条警戒线，人与人之间的交流区就是这样被建立起来的。

多数人的目的都只有一个，那就是在保证和平的前提下，尽可能为自己争取到更多的利益。比如开车，在没有隔离栏的路上，新手通常会尽量往右靠，但驾校师傅会告诉你，这是不对的，你该尽可能往中间靠，这样才能在跟对面的车的博弈中占得更多的自由空间，避免在避让时撞到最右侧的非机动车或行人。

交往同样是类似的博弈。虽然你的界限一直在动态调整中，但每一个时刻，你必须清晰地知道，自己当下的界限在哪里，什么时候我们可以谈论些什么，什么事情我们可以互相分享，还包括什么情况我们能允许接受他人的帮助。

02

尊重他人的界限。

如果说划清自己的界限是我们在交往时拥有安全感的先决条件的话，那么尊重他人的界限则是维持交往的重要因素。前者是让自己保持愉悦，后者是让他人感到愉悦，只有同时满足这两个因素，有质量的交往才能长时间地维持下去。

尊重他人的界限看上去很简单，很多人也是如此以为的，但事实可能并非如此。在同陌生人的交往中，我们很容易就能做到尊重他人的界限，因为那个时候我们还不熟悉彼此，我们足够谨慎，我们保持着足够大的安全距离，这也是为什么建立一段浅关系总是容易的。但在熟络了以后，甚至是交往的频次很高了之后呢？我们越走越近，我们的工作、生活的交集越来越多，尤其是当我们自恃对对方还有过一点恩惠的时候，我们是否还能控制住自己不踩过界呢？这样的人凤毛麟角。

根据对自己的界限和对他人的界限的态度，我们很容易就能将身边的人分为以下四类。

	尊重他人的界限	侵犯他人的界限
划清自己的界限	独立型人格	占便宜型人格
没有自己的界限	老好人型人格	共享型人格

占便宜型人格就是"你的就是我的，我的还是我的"，多说无益，对这类人应敬而远之，就不要继续交往了；老好人型人格常见于某些公司同事，对人和气，人缘好，但很容易被人当作情绪垃圾桶和保姆，长久下去，会作茧自缚而死；共享型人格常见于好兄弟和无心机的七大姑八大姨，他们通常非常热心地帮助你，也很容易踩过界，入侵你的私人空间，虽然他们真的没有坏心，但长久相处也会令人不自在。

真正的高效交往来源于两个拥有独立型人格的人之间的交往，他们从不以爱或关心的名义踩到对方的界内，而是只在公共区域进行交流、合作；他们会询问对方的建议，但从不对对方的决定进行干预；他们会请求或接受对方的帮助，但从不会为帮助对方而过度牺牲自己。这种交往距离是刚刚好的，是温暖而有安全感的，是独立而又负责任的。

03

每个人都只能对自己负责。

年轻人看到这里，可能会想起一些过往被父母道德绑架时的情形，小时候被父母翻看日记，高中毕业被父母要求填报某个自己不太喜欢的专业，大学毕业被安排进了父母指定的单位，娶（嫁）了一个父母喜欢但自己无感的对象，而这一切只源于父母说"我关心你，我是不会害你的"。于是，他们开始感觉到，父母模糊了彼此的界限，该给自己圈定领地了。然而，他们似乎忘了，正在开的车子是父母给的，孩子是父母在贴钱养的，甚至住的房子也是父母掏钱买的。

所谓独立型人格，并非只在对自己有利的时候才出现，这样就很容易在更长的时间跨度中成为占便宜型人格。如果你想在交往中保持人格独立，就必须先清了自己身上的"债务"，同时摒弃一些错误的价值观，如"好朋友就该不分彼此""夫妻之间就该没有秘密""父母的话就该无条件顺从""孩子有需求就要想办法满足"等。

你必须首先明白，每个人都是一个独立的个体，每个人都无法体验他人的快乐与痛苦，每个人都没法替他人做出决定，

每个人都是一个独立的个体，
每个人都无法体验他人的快乐与痛苦，
每个人都没法替他人做出决定，
每个人都只能对自己一个人负责。

每个人都只能对自己一个人负责。

孩子三四岁了还抱在手上，上了小学还在喂饭，恋爱的年纪都到了还在管能不能恋爱。为什么有些人30多岁了依然在啃老？因为父母一直在替他负责，以至于他已经没有能力和担当为自己的人生负责了，他们之间的界限早已模糊得无法分割。同样地，当父母失去了另一半想再找个老伴时，在这样的成长环境中长大的孩子往往会横加干涉。当你理直气壮地提出"这是我自己的事"的时候，对不起，你已经失去了资格，因为你的事从很久以前就已经是孩子的事了。

我们听许多人呼吁过要捍卫自己的尊严、梦想和信念，可曾有人提醒过你要捍卫自己的人生？如果将人生比喻成解题，你最该做的，就是别去解他人的题，同时也别让他人解你的题。首先，题被他人解了，肯定会丢失本该属于你的乐趣；其次，你们拿的根本不是同一套题，每个人的答案也都只能写给自己。

当我们学会只对自己负责时，我们就能准确把握好同他人的距离，分清什么是自己的事、什么是人家的事。独立且尊重他人的独立，是文明社会的潜规则，也是维持长久交往的圣经。

平等：
有家有孩子有老公，
可依旧孤独得像条狗

文 / 陈琳

01

生完孩子后，我做了两年半的全职妈妈，直到 2016 年上半年才开始兼职写作，希望半年后回归职场。虽然，母校北京大学曾为我带来诸多光荣与赞誉，但也因为全职妈妈这个略显尴尬的身份，反而令北大从我的光环变成了我的"黑历史"。朋友和家人都认为，名校毕业生不应该做全职妈妈这种"低价值高强度的工作"，这是对教育的浪费。

而我自己，也曾经在"有价值"与"无价值"之间迷惘不已，社会大众的不理解与自己内心的不笃定交织在一起，我无从知道自己的社会价值要如何衡量。

现在我需要每天开会、阅读、写作，可是全职妈妈的劳务内容还是一样没少。我心中对于工作和家务这两个工种的天平，逐渐出现了明显倾斜。

对我来说，相较于高付出、低回报的全职妈妈身份，目前有思考、有产出、有回报的写作工作让我感到自己更有价值、更加快乐。工作相当于全情投入的放松，而料理繁重的家务就变得更加机械、单调又无趣了。

02

一个周末的早晨，全家吃完早餐，餐厅、厨房杯盘狼藉，客厅更是因为经历了前一天的折腾而杂乱不堪。先生吃罢就开始看电视，两岁半的宝宝照例投入玩耍中，而清理任务自然又落到了我头上，而且劳动量还不少。

　　恰好我又因为连续几天熬夜工作而身心疲惫，所以还没开始着手清扫，心中就已经溢满了厌烦和委屈。一边在内心思索"平等的婚姻难道不是各有付出吗"，一边像个麻木的流水线女工，无可奈何地清理杂乱。

　　其实，这只是做全职妈妈以来最平淡不过的日常，而对于那天的我，成了心理防线溃坝的最后一瓢浑水。于是，我内心挤压的委屈和不甘，经过疲惫的放大之后，所有负面情绪都对准了先生，无声地被投射了出去。

　　我认为，他的大男子主义就是我不开心的罪魁祸首。我只想问他，为什么我也开始工作挣钱了，可是依然要承担几乎所有的家务劳动？家庭分工为什么如此不公平？

　　所以，当我清理完厨房、开始扫地的时候，情绪终于抑制不住，不公和委屈一起涌上心头，眼泪和鼻涕的阀门轰然大开。我扔掉手中的扫帚，跨过地上的垃圾，开始坐在沙发上无声痛哭。而在卧室的先生依然一无所知，身旁的孩子伸出胖胖的小手摸我的脸："妈妈哭了。"

　　直到我的抽泣声惊动了先生，我才看到他错愕的脸。在他眼中，在这个安逸的周末晨光，事事顺心，他完全不明白我在哭什么。

对于女人起伏不定的荷尔蒙，及由此引起的情绪龙卷风，那些来自火星的男人丝毫不明就里。这不仅来自男女大脑结构的根本差异，价值观念、思维方式、成长经历、家庭背景和教育水平都会造成两者思考和行为的不同。习惯于看母亲忙碌家务的儿子，自然不会理解妻子独自承担家务的委屈；而自小目睹父亲分担家务的女儿，也会对自己的丈夫抱有同样的期望。

"我不想做家务，我很累。"我哽咽着对先生吐出一句话。

先生好一会儿没有说话，表情先是一怔，然后笑起来："你直接让我帮你就好了嘛，干吗搞得梨花带雨的。"然后，他捡起扫帚，父子俩开始在游戏中清理地上的狼藉，不一会儿，周围环境就让我这个轻微强迫症患者感到顺眼了许多。

然而，眼睛舒服了，我的内心并没有舒展多少。因为我开始意识到，这次由委屈和不甘叠加造成的情绪崩溃，其实存在一个深层次的原因。这个根源就在于我和先生对于婚姻分工、性别角色的价值观存在差异。如果得不到解决，同样的崩溃过不了多久还是会再度发生。

03

大我十几岁的他，自小生活在大男子主义家庭，目睹父亲占据家庭权威地位，不带孩子，不做家务。而母亲即使也有工作，仍然勤勤恳恳、劳劳碌碌、毫无怨言地料理着家庭的一切。生活中的磕磕绊绊，也总是伴随着父亲对母亲的呵斥，和母亲的默默忍受，像极了绝大多数中国家庭。

男孩对于性别角色和家庭分工的看法，绝大多数来自父亲的示范。毫无疑问，大男子主义思想也在我先生脑中扎根壮大，成为他价值观中潜藏最深的基因之一。他理所当然地认为，无论有无工作，妻子都应该毫无怨言地承担所有的育儿责任和家务，而丈夫拥有豁免特权。

但是，在我所成长的家庭中，于家务而言，爸爸会负责各种缴费和修理，还会和妈妈一起洗碗、扫地、擦地板；于育儿而言，在我还是个婴儿的时候，他就会热牛奶、换尿布，成长过程中，他还经常陪我游戏、读书、送我上学。所以，我以为绝大多数男性也都一样，会和妻子共同承担家庭事务和育儿事务。

我高估了男性的勤劳程度，高估了婚姻中两性平等的可能性和有效性，而我的一系列关于婚姻的价值观都是建立在这种乐观之上。现在这个基础变了，一切观念都需要重新调整。正是观念遭遇了巨大分歧，才导致了我心理上的排斥和厌恶，让我觉得自己有家有孩子有老公，可依旧孤独得像条狗。

正如哲学著作《为什么长大》中所述："不管生活多么美好，现实与理想之间的裂缝总是存在——理性的理想告诉我们世界应该是什么样子，经验却告诉我们，现实往往不是理想的样子。长大需要我们面对两者之间的鸿沟——两者都不放弃。"

04

殊不知，我跟先生之间价值观差异如此巨大，就和我们的成长经历、家庭模式息息相关。

父母的性别观，直接影响孩子对异性的态度。一个家庭中父亲对待母亲的态度，以及父亲对于女性地位和价值的看法，会深深影响孩子对于性别分工和婚姻地位的观念。而大男子主义思想畅行无阻的家庭中，通常就有一个权威型的父亲和一个顺从型的母亲。

在中国传统的男权思维中，儿子永远是自家人，并会在婚后仍与父母保持紧密联系，还会赡养父母直到终年。所以，大男子主义家庭对于儿子的培养，带着"自利性"的倾注与投资，因为他们相信，将自己的社会资源投资给儿子，会取得长期回报。

而在这样的父母眼中，女儿只是暂时的家人，早晚是"泼出去的水"。在男权思想体系中，婚后女方要在男方家里居住，因此女儿终究要去服务另一家人，而不会像儿子一样，为自己的父母提供赡养和回报，所以他们对于女儿的培养就显得淡漠许多。父母会从小教育女儿处于从属地位，尽量减少对女儿的投资，并在她有限的婚前时段，尽可能从她们身上剥夺资源，比如让女孩多多干活，或为家里奉献收入，以此补贴儿子。

一个生动的例子，就是电视剧《欢乐颂》中的樊胜美。她的哥哥懦弱无能，却对父母颐指气使，处处指望父母搜刮妹妹来为自己收拾烂摊子。在他的价值体系中，牺牲妹妹的幸福来补贴自己，非但没有一丝不合理之处，反而还会苛责妹妹付出的不够多。

而樊胜美，虽然外人看来她是独立自信的现代都市女性，但其价值观中深深潜藏着男权思想的遗毒。以至于大学毕业后生活在现代化都市的她，都无法主动斩断父母拿她补贴儿子的自私链条。原因也很简单，她自己在那样的家庭环境中长大，很难不去对男权思想产生认同，就像长期生活在虐待环境中的孩子，哪怕心中极度恐惧和厌恶，也会因为斯德哥尔摩综合征而不由自主地追随与虐待者相似的人。

所以樊胜美即使痛恨，也无力勇敢扛起独立的旗帜，与家人划清界限。于是她就在不情愿与不得已中扭曲着自己，正如广大男权家庭中逆来顺受的女性一样。

当父母不断地、长期地对孩子进行洗脑时，再荒唐的理念都会变成正当三观。相比之下，深受父亲宠爱的邱莹莹，价值观中就渗透着"女孩也能闯出一片天"的思维，因此就要自信、果敢得多。

像樊胜美这样在典型的男权家庭中长大的男孩和女孩们，如果没有特别的境遇使他们彻底推翻原有的价值观，那么等他们成为父母以后，就会自然地将脑中男权思想的婚姻观和教育观传递给下一代，于是中国"男尊女卑"的思想才得以拥有代代相传的丰沃土壤。

婚姻与教育中的价值观传导链，上一代与下一代之间的婚姻观和教育观，其实是相辅相成的。上一代的婚姻观引导教育观，他们的教育观又将构建下一代的婚姻观。

父母各自的婚姻观会渗透进自己的行为、思维以及教育策略中，从而直接灌输给孩子，成为他们最初三观的框架。男权思想的家庭，常培养出特权意识浓厚的男孩和"不值得感"强烈的女孩。他们日后选择婚姻时，往往也会模仿父母的婚姻模式。又因为这个阶段形成的价值观往往根深蒂固、难以撼动，所以在男权家庭中长大的男孩，倾向于寻找认同男权思想的女孩，以此巩固自己在原生家庭中就有的特殊地位。

而在男女平权家庭中长大的孩子，男孩更容易爱上自我价值感强、有事业心的女孩，而女孩也更希望嫁给认同男女平等、愿意分担家务的男孩。总而言之，人们都倾向于寻找与自己的价值观相似的人。

通过上面的分析，我们不难推测，当男权家庭出身的男孩遇到平权家庭出身的女孩时，其价值观的鸿沟可想而知。

所以，这也是文章开头，我为什么会因为家庭分工的不公平而情绪崩溃的原因。在我的价值体系中，"丈夫参与家务劳动和教育孩子"是天经地义的事，而在我先生的价值体系中，正常状态是"妻子包揽所有家务和育儿，丈夫不必搭把手"。

我们都认为自己没错，对方的思维才是三观不正。

其实，婚姻何止需要价值观的相似，研究显示，"门当户对"已经是世界通行的婚姻法则；中国如此，美国亦如此。相似学历背景、经济背景的人更容易走到一起，阶层、学历差异很大的婚姻将会越来越少。

但现实生活中，很难有方方面面都完美契合的夫妻档，无论如何幸福的夫妻，都有意见不合的时候。于我个人而言，我与先生在价值观上的差异，也集中在"性别角色"和"家庭分工"这两点上。

对性别角色分工的认识，与婚姻的质量关系密切。研究显示，女性的相对收入越高，婚姻幸福感越低，婚姻互动越少，婚姻冲突和问题越多，离婚意向越高。

如果妻子在经济上依赖丈夫，那么即使她们心有怨言，也不敢贸然提出离婚，因为离婚会导致生活质量下降、前途未卜。如果妻子经济独立，她们离开不幸福婚姻的成本降低，离开丈夫也能维持不错的生活质量，她们就敢于离婚。

中国"男尊女卑""男主外女主内"的思想依然是主流，因此社会的主流意识依然认为丈夫的收入和家庭地位应该高于妻子。而如果妻子独立意识强烈，或妻子收入远高于丈夫，她们就要承担一定的社会压力，比如"女人太强不容易幸福""男人不喜欢女强人"等言论，同时还要承担养家的责任，婚姻幸福感就会随之降低。

每个人都希望在婚姻中获得公平，当一方感觉自己付出多、回报少时，往往就会感到不公平。尤其在很多中国家庭中，女性在外工作挣钱，回到家依然要承担大部分家务和教育孩子的重任（比如我），夫妻双方的不公平感就可能会导致婚姻关系的不和谐。此外，教育程度越高的女性，会越要求夫妻关系的平等；如果没有其他因素（如性格、爱好等）增进夫妻感情，那么就很容易导致婚姻质量的下降。

总而言之，中国现代的女性似乎活得很累，一方面要在职场勇敢拼杀，为自己挣得面包与尊严；另一方面，在家庭中又很容易遭受男权主义的不公待遇。连社会都在以"全职妈妈没有价值""职场妈妈对不起孩子""女人太强就不幸福"等陈旧的观点对女性进行道德审判，让更多女性对于自己的价值定位充满煎熬。

05

所以，很多女性在追求自我卓越的过程中，变得越来越完美主义：她们在追求自身价值的同时，也想同时经营好婚姻关系和亲子关系，也就是"have it all"。但是我们不难看到，很多优秀、闪耀看似拥有完美幸福生活的女性，实则内心存在深深的不自信。因为她们认为无法平衡好一切就是不成功，所以她们在不断要求自己做到更加完美。

而脸书（Facebook）的首席运营官谢丽尔·桑德伯格在享誉全球的著作《向前一步》（*Lean in*）中，讲述了全世界的女性在婚姻、职场、家庭和社会中遭到的不公待遇，以及优秀的履历和人格都掩盖不住的不自信。男权思想哪个国家都有，由此产生的社会壁垒，以及女性自我的内在障碍，让很多原本可以大放异彩的女性避免掌权、掩饰坦率、压抑进取心，从而失去了很多机会。

那些阻碍女性"向前一步"的社会壁垒，我们其实可以通过向下一代传递平等的性别、婚姻价值观来慢慢消除。教男孩做家务，给他们示范一个家庭应有的平等；告诉女孩要勇敢，鼓励她们去追求更高的成就。

也许我们仍旧需要与社会传统文化、思想观念做一些抗争，
但"向前一步"总好过"永远退缩"。

可以预见，未来将有更多拥有平权意识的男性和女性，他们成为父母后也会更加注意向孩子传递性别平等的价值观。目前人们对"直男癌"的讨伐与讽刺，也说明男权思想在婚姻市场将会越来越不受青睐。学者曾经预言，2020 年，中国将爆发数量达 2000 万的"光棍危机"，而光棍中大部分是低收入、低学历的男性。除此之外，还可以设想，未来还会有一小批深受男权思想荼毒的年轻男性找不到婚姻的归宿。

如果社会和家庭一如既往地"重男轻女"，那么这种性别偏见，终将砸了男孩和女孩自己的脚。

角色平等的婚姻有利于家庭的稳定和幸福，还能使夫妻双方更加健康、快乐，使孩子心理健康、学业优秀。一个家庭对于性别、婚姻的价值观，不光影响婚姻质量，对于夫妻双方的事业、孩子的婚姻选择，也有不容小觑的影响。这些都是有大量理论依据的科学真理。也许我们仍旧需要与社会传统文化、思想观念做一些抗争，但"向前一步"总好过"永远退缩"。

我们可以从一个小目标开始，比如诚实地告诉你的伴侣："我有点累，今晚你洗碗好不好？"

拒绝：
生活真的是"有事就联系，
没事就各忙各"的吗

文 / 韩大茄

01

　　小时候我没别的爱好，就喜欢走亲戚。每次去亲戚家的路上，妈妈都一再叮咛：要做个乖孩子，不要随便接受别人的东西。

　　所以每次别人给我东西，我都习惯性地抬手拒绝。通常都是妈妈在一旁和别人客套半天，示意我可以接受的时候，我才敢接。

　　有时候别人给的好处太大，妈妈跟别人客套了许久，就是不说可不可以接，于是我就打死也不要。结果回来，妈妈不说我乖也就罢了，还说我蠢。

那个时候我就感觉到，大人的世界实在太复杂了！

长大后我懂了一些人情世故，才知道了其中的缘由。但我也清楚，接受别人的好意，就欠下了人情，就意味着要还别人的人情。我讨厌欠人情的滋味，会感觉浑身不自在。还人情不像还钱，有具体的额度。还人情就像还一个愿望，因为你不知道他下次会求你什么，就像是从魔盒里放出的神仙一样，指不定别人会说出什么愿望，特别是在自己并没有什么神通的情况下。

所以我习惯了拒绝别人的好意，别人的好意还没说完，我就在心里盘算该怎么拒绝了。

别人拿一块蛋糕笑盈盈地走过来，说给我尝尝。我摆摆手说，我不喜欢吃蛋糕，怕腻。

同事说他弄了两张电影乐园的票，还没来得及说出下一句，我就告诉他，过两天我要回老家，可能没时间。

我甚至有点害怕别人对我很好，仿佛那些好都是烫手的山芋，别人一递过来，我就马上扔回去。哪怕是小小的好意，都无法坦然地接受。

02

我发现很多人都跟我一样，因为怕欠下人情，已经对别人的示好形成了应激反应。第一时间想到的不是权衡需不需要，而是直接想该如何有礼有节地推掉。

大四的时候，几个同学一起去单位里实习。恰逢单位的领导正在拆一袋甜点，领导叫我们也尝尝。我们一个个都拘谨地说，不吃了。唯有同行的一个当过学生会干部的同学要了两块，然后他们就甜点的产地打开了话题，聊经历，忆往昔，谈得不亦乐乎。

而我们几个坐在一旁干瞪眼，有几个同学局促得不得不玩起了手机。那一刻，我发现自己实在是太小家子气了。我头一次发现彻底拒绝了别人，心里并没有觉得多么潇洒。

03

后来正式上班遇到了我师傅后，我依然执行着这一贯的风格，常常会摆着手说，不用不用，我自己来应该没问题。

师傅是一个爽朗的人，尤为看不惯我这种作风，把我狠狠地训了一顿，说我看问题太浅显。

你以为你这样是友好的处事方式？你以为别人会在意给你的这点好处，你以为别人帮你就期望你还他一个人情，你想多了好不！

人与人之间的来往就在于有来有往。两个不熟的人如何快速聊到一块儿？不都是一个伙伴首先拍拍另一个伙伴的肩膀说："我这有个好东西，要不要尝一尝？"另外一个人说："好啊。"然后两个人才能打破僵局。

像你这样从一开始就摆个臭脸，让别人碰一鼻子灰，让别人觉得自己是在自讨没趣。你以为自己礼貌得不得了，可在摆手间给你们的关系制造了莫大障碍。我告诉你，有时候欠点人情，才有人情味。

听完师傅这一顿训，我才幡然醒悟。在这个社会上，没有人是万能的，不要觉得自己可以做好任何事。你要与别人发生联系，就必然要面对人情的往来。你逃避和畏惧其实都没有用。而且拒绝别人的好意丝毫显示不了你的友好，相反，会让人觉得你对他并没有什么兴趣，你并不期待有进一步的往来。次数多了，别人也就丧失了热情。要知道，有时候，接纳就表示一种欢迎。

我想起小时候，妈妈虽然会推托，但最终还是会默许我收下别人的一些东西，以便她下次有机会再送东西给别人，这样一来一去，两家的关系才能维系下来。

04

我刚上班时，曾经发生过一件事，跟我做同一个项目的搭档小马住在一条美食街附近。那一阵，他提议早上帮我带早餐吃。

我说："算了吧，那样怪麻烦的。"

他说："反正我每天也是要吃早餐的，而且还要给财务的带三份，再多带一份而已，并不麻烦。"我告诉他真不用，不用这么客气。接着又发生了几件事，大致也是这样的路数。

后来那个项目做完之后，我和小马就没有再合作了，彼此开始各忙各的，变成了见面会打招呼但并没有任何深入交往的熟人，而财务部的那三个同事却和小马成了亲密无间的好朋友。

自从听了师傅的点拨后，再次回想起这件事，我才懂得，我拒绝小马的示好，就在我们之间立下了一道屏障。当小马有任何小需求的时候，他更倾向于找那三个同事帮忙。在一次次交往中，他们的关系越来越好，而我和他渐渐成了陌路人。

05

　　我们大多数人都曾经体验过人情压身的烦恼。特别是中国式人情，更会让很多人感到头痛欲裂。

　　于是，不少人开始极力地抗拒人情，信奉"欠什么都不要欠人情"的理念，恨不得做一个独行侠，可以洒洒脱脱过一生。

　　说难听点，这个世界上别人之所以愿意和你在一起，是因为你对他有作用而已。如果你抗拒一切人情，一点也不需要别人，别人自然也不好意思麻烦你。互不需要的两个人，迟早就变得彻底没有什么关系了。

　　而且，大多数人与人之间的活动，都是在试探性地确认你是不是自己人而已。确认了是自己人后，大家才有坐在一起掏心窝的可能。你折断了别人的橄榄枝，别人也就不好意思再贴上热脸了。

　　世界上没有那种"我需要他时他就过来帮忙，我不需要他时他绝对不来烦我"的人。只要你还怕有一天孤立无援，你就要投入这个人情的游戏中去，尝试接纳别人的好意，并适当地回馈好意。如果你时刻想着维持着君子之交就好，那就做好感情淡如水的打算吧。

只要你还怕有一天孤立无援，
你就要投入这个人情的游戏中去，
尝试接纳别人的好意，并适当地回馈好意。

坚持：
你连早起 10 分钟都做不到，
还奢望什么成功！

文 / 许威

01

作为上班族，不知道你是不是这类人：每天掐着点起床，匆忙洗漱完立马抓起包，飞奔去赶公交车，早餐大都在公交车上解决，常常还会因为来不及而没时间吃早饭。

万一哪天手机忘带了，要回去拿，或者哪天公交车堵车，来晚了几分钟，只要出现任何一点意外情况，你都可能迟到。

一路上提心吊胆，匆匆忙忙赶到公司，在最后几分钟打卡，然后气喘吁吁地坐到椅子上，庆幸自己今天又没有迟到。

每天早上都像是一场战斗，每天路上都是如此匆忙，每天貌似活得很忙碌，内心却又充满迷茫。有没有那么一刻，你停下来问问自己，到底是什么原因导致你每天如此疲惫呢？

你有没有想过，自己每天过得如此"惊心动魄"，只是因为多在床上赖了 10 分钟而已。

02

按照每天 8 小时的睡眠时间来算，每天多睡 10 分钟和少睡 10 分钟，并没有太大差别。因为对于睡眠来说，重要的是质量，而不是时间的长短。

在《神奇的睡眠》这本书里，作者介绍了让睡眠更有质量的方法，让你睡得更少却能睡得更好，白天精力更加充沛。

书中重点分析了睡眠的机制，一般来说，整个睡眠可以分为五个阶段，一个睡眠周期 60 ~ 100 分钟。第一阶段主要是放松，躺在床上，慢慢开始进入睡眠状态，但还是有意识。在第二阶段里，你开始失去意识，大脑也开始尝试着关闭，屏蔽外界的干扰。第三、第四阶段开始，慢慢进入熟睡（深度睡眠）的状态。第五阶段称为 REM（Rapid Eye Moving），此时大脑最为活跃，处于正在做梦的状态。

熟睡是睡眠的关键，也是最重要的阶段，进入深度睡眠越快则睡眠质量越好。

03

好多人早上起不来，与习惯性熬夜分不开。晚睡却又想早起，怎么可能呢？而且，晚睡往往容易失眠，导致睡眠质量差，对身心健康都没有好处。

如何睡得更好？最好的方法就是运动，睡得太久并不一定好，没有接受足够的阳光，你会感到更加疲乏。运动可以调节体温，让我们白天更清醒，晚上睡得更熟。

睡眠与体温有关，当体温升高时我们会更精神、更清醒，体温下降我们会疲乏。多晒太阳可以让你精力更充沛，所以要想睡得更好，一定要多去户外运动，接受足够的阳光照射。

我们的体温在中午的时候会下降一点，所以中午会有一点疲倦。白天小睡，可以让你更加清醒，但并非睡得越久越好。午休尽量不要超过 45 分钟。因为，只有在一个睡眠周期的结尾醒来，你才会感到精力充沛，更加清醒。

对于失眠的人来说，如何才能快速入睡呢？首先，要学会放松，在睡前试着让思维慢下来。同时，要养成好的睡眠习惯，床只用来睡觉，不在床上看书、看电视、玩手机等。睡前 1 ~ 2 个小时洗个热水澡有助于睡眠，但不要在睡之前洗澡。

04

早起不是一件容易的事。好多人坚持了几天，发现早起之后整个人更加疲倦，那是因为没有找到适合自己的节奏和方法。不要奢望一步到位，比如你习惯了 7 点起床，强迫自己每天 5 点起的话，十有八九会失败。

每天比以前早起一点，比如早起 10 分钟，循序渐进，才不会失败。睡眠时间缩短太多的话，白天很容易会有疲惫感，那样早起对你来说就不是乐趣，而是痛苦和负担了。

不要盲目地追求每天 4 点起床，那并不一定适合你。那些早起的人，往往习惯了早睡，而且会在白天小憩一会儿。如果你盲目地早起，失败后会带来强烈的挫败感，让你产生畏惧心理。

如果你感觉当下的生活不尽如人意，
对人生和未来也有点迷茫，
与其盲目地去想什么职业规划和人生定位，
不如先从尝试简单的早起10分钟开始。

早起最大的好处，就是可以增加许多属于你自己的时间，你可以利用那段时间看书、运动，做好一天的工作计划等。相信我，早起可以让你更健康，更有活力，活得更加充实。

05

作为一名职场人，如果你每天都是踩着点甚至迟到几分钟，而另一个同事每天都是早到，哪怕只是早到 10 分钟。如果你是老板，你会喜欢哪一类人呢？

我想老板即使嘴上不说，也一定是默默地关注第二类人的。当其他人陆陆续续地走进办公室的时候，早到的人往往已经进入了一天的工作状态。

早到的员工往往被认为工作更加认真，因为大多数人在潜意识里是将早起和成功、勤奋联系在一起的。而经常迟到的员工，往往会被贴上一些不好的标签：懒惰、缺乏自律、对工作不够投入、缺乏上进心等。

当第二种人升职加薪的时候，你内心却满是委屈和不解。自己每天都活得如此辛苦，对工作也很投入，还经常加班，但为什么升职加薪的不是我？

一切的一切，都只是因为你每天多睡了 10 分钟而已。

06

每天早起 10 分钟，你的人生将会有很大不同。

你有多久没有好好地坐下来吃早餐了？你有多久没有看看路边的花草了？你有多久没有看过日出和朝霞了？

每天将你少睡的 10 分钟放到其他地方，却会带来大大的不同，让你的一整天更加从容不迫。

早 10 分钟到地铁，你就可以避开乘车高峰期，那样你就可以找到一个座位，不会再被挤得前胸贴后背；早 10 分钟到食堂，你可以坐下来，慢悠悠地吃早餐；早 10 分钟到单位，你可以泡杯茶，看看邮件，准备好晨会的内容，做好一天的工作安排。

短短 10 分钟，会让你的自我感觉更加良好，让你感觉一切尽在掌握，让你感受到生活真美好。

如果你感觉当下的生活不尽如人意，对人生和未来也有点迷茫，与其盲目地去想什么职业规划和人生定位，不如先从尝试简单的早起 10 分钟开始。**做个行动派，一个小的改变，或许就会给你的人生带来大的改观和不同。**

友谊：
点赞之交不如趁早绝交

文 / 闫涵

01

中秋节，和朋友小聚，席间，好友 Q 愤愤不平地跟我们讲述了一件事。

之前，Q 和幼儿园、小学、初中都同班，高中同校的死党晴见面了。大学毕业后，Q 参加工作，晴考研而后出国。曾经，她们俩是交换所有秘密的铁杆姐妹：Q 爸妈离异，第一个告诉晴；大学期间晴和前男友分手后发现怀孕，是 Q 陪她去的医院。

这次晴回国，距离上次已有小两年时间，回来之前没有和 Q 联系。Q 对于两人的疏离应该早有感觉，但不甘心从小长大的朋友就这样不明不白地失去。结果，到了酒店碰了一鼻子灰——晴给邀请的朋友每人都准备了礼物，除了不请自来的 Q。当然，这件事是听同去参加聚会的另一个朋友说的。

Q 给我们描述过程时，声音发颤、红了眼圈："我们没有任何矛盾，我也没得罪她，怎么处着处着就成了路人甲、朋友圈偶尔点个赞的关系了呢？"

这样的感慨，我们每个人都曾遇到过吧？

当我们渐渐长大、成家、立业，多少曾经以为一生一世的友情，慢慢消散于庸常的一粥一饭。

我劝 Q："你和她都没有错，只不过生活方向不再相同，所以两个人渐行渐远。"

另一个朋友补刀："你以为成年人的友谊，真的是'君子之交淡如水'啊？除了三两个掏心掏肺的，其他的还不都是相互利用？"

这一刀虽然颇为凶狠，但一语道破了成年人友情可以持续的根本——互惠互利，这种互惠可以是精神上的，也可以是经济上的。

02

做了自媒体以后，我遇到一个当年在杂志界小有名气的作者。

她入行较晚，错过了增粉的黄金期。看着每天辛辛苦苦写的稿子阅读量只有可怜的几百，再看看后台每天增粉只有十几个，她有些迷茫、沮丧。

我说："你当初认识那么多作者和编辑，他们有的号已经做得很大，可以让他们友情帮你转转稿子，引点粉丝过来啊。"

她笑："刷刷这张脸，确实能让创业不那么艰难，可是我一个几百个粉的号，去找几十万个粉的号，不是一个量级啊。我宁愿自己像蜗牛一样慢慢爬，也张不开这个口。"

等她写出好文章，出了一个又一个"爆款"，以往那些熟人主动找上来，请求转载稿子。她用自己过硬的稿件，给朋友的公众号增粉，同时给自己吸引了不少流量。这样互惠互利的合作，一直愉快地持续到现在，她自己的号也积累了小 20 万粉丝。

如果当初她靠着人脉，以友谊之名，绑架昔日朋友，别人或许买她的面子转一次两次。但稿子不适合，阅读量上不去，最可能的结果就是自己粉丝没增几个，友谊的小

朋友之间，一定需要某一方面势均力敌，
也需要共同的生活环境以及共同的话题。

船却说翻就翻了——对于友情这种微妙的关系，上赶着的不是买卖啊！

03

小时候，每年爸爸所在的学校都要评职称，勤勤恳恳的他虽然在教学上很有一手，但因为性格太直，所以还是遇到一定阻碍。

当时，不止一个人劝他："找找上头的人吧，反正你同学能帮上忙。"

爸爸每次都呵呵一笑，不置可否，但他从来没有为自己的职称去找老同学、老朋友帮忙。

有个叔叔问我爸："为什么你这么犟，现在求人办个事不是太正常了嘛！"

他说："求人之前，咱得想想回头咱能帮别人啥，如果什么都给不了，就不能去卖这张脸，不然老觉得欠别人点什么。你说我一个普普通通的老师，去找人家局长，怎么张得开嘴啊！"

爸爸是个明白人，他明白朋友之间需要对等，不然欠下的情就成为两个人之间无法逾越的鸿沟。

04

我身边也偶有出身不同、经济实力悬殊的人维持着长久的友情。和他们聊天会发现，他们和老友之间，一定有共同的爱好和兴趣。比如，前同事 Y 经济条件一般，但与一个大企业的副总交好，他们的纽带就是篮球——Y 大学时是校队主力，受过专业训练，那个副总也酷爱篮球，两人以球会友，在体育方面志同道合。那个副总的儿子也喜欢打球，顺便请了 Y 当私家教练，教自己儿子打球。

看吧，朋友之间，一定需要某一方面势均力敌，也需要共同的生活环境以及共同的话题。Q 和晴之间的友情变淡，就是失去了友谊共生的土壤。面对这种失去，Q 最好的姿态就是看淡眼前的失去，把过去那些美好封存在心底。

这个世上，很多父母养孩子，都有"养儿防老"的观念。如果与人交往，一方老是无法给对方回馈，这样的相处不仅索然无味，更得绞尽脑汁去维系，因为太累，总有一天一拍两散。

理解：
你没穷过你不会懂，
你没富过你也不会懂

文 / 小颜

01

先来说个小故事吧。

从前有个穷人很穷，一个富人见他可怜，起了善心，想帮他富起来。富人送给他一头牛，嘱咐他好好地开荒。穷人满怀希望开始奋斗。谁知没过几天，牛要吃草，人要吃饭，穷日子过得比以前还艰难。这时穷人就想了：

一头牛吃我家三口人的口粮，这事不能干！不如把牛卖了，买几只羊，先杀一只吃，救救急，剩下的还可以生小羊，小羊长大了拿去卖，可以赚更多的钱。

穷人的计划如愿以偿，只是吃了一只羊之后，小羊迟迟没有生下来，日子又艰难了，忍不住又吃了一只羊。穷人想，这样下去不得了，不如把羊卖了买鸡，鸡生蛋的速度要快些，卖鸡蛋可以赚钱，日子立即可以好转。

穷人的计划又如愿以偿了。但日子并没有改变，等不到鸡生蛋，日子又艰难了，忍不住杀鸡吃，终于杀得只剩最后一只鸡时，穷人的理想彻底破灭了。

这个故事告诉我们什么？

救急不救穷不是贫穷的本质。你不能说穷人不努力、不思变，故事中的穷人一直都在思考如何让自己的日子好过一点，并做了相应的调整，最后依然没有改变贫穷的原因不仅仅是思维观念的落后。

更深层的原因是他们根本没有充足的社会和经济资源把财富转化为资本，也就是说，穷人现有的经济条件根本养不活那头能生财的牛，于是只好坐吃山空。

02

看过这个故事的你，可能还是不认可我上面所说的，你也许会说穷人意志力差，已经都苦这么久了，为什么不能再坚持一下？一再地向现实妥协和退让，可不是只能导致这样的结果吗？

不是只有我们这样想，有一位美国作家芭芭拉也是这样想的。她是一个极受欢迎的美国白人专栏作家，为了搞清楚穷人到底如何生活，她假装穷人，混入美国底层，看自己能不能凭借努力成功"脱贫"。

之后，她将这段经历写成一本书《我在底层的生活》，在2001年出版。这本书盘踞亚马逊畅销书榜长达12年。

澎湃新闻的作者吴太白关于此书写道：

在时薪低到6～7美元的情况下，芭芭拉和餐馆女招待们端盘子收桌子，跑来跑去连续工作8小时。为了让顾客们按时就餐，她们只能在人少的下午吃一份热狗面包。临下班之际，芭芭拉问同事：你家在哪儿？同事说，我住胶囊旅馆。"你疯了吗！为什么住旅馆！你今天的工资只够付一天的房费！"

女招待像看白痴一样地看向芭芭拉："呵呵，你以为我不

这个世界已经不缺批判辱骂，不缺弱肉强食，
缺的是独立思考和理解宽容。

想租房吗？你倒是说说看，我去哪里找到押一付一，甚至押三付一的保证金？"

芭芭拉掀开底层世界的布帘，让我们看到劳动者领着按天结付的薪水，没有健康保险，为了活下去，不得不做两份以上的工作。

即使他们努力到了极致，也无法摆脱贫困。

在我们看不见的地方，世界以另一套逻辑运转，让贫困哺育贫困，让困境自我循环。

正如哈佛大学 Sendhil Mullainathan 的研究指出的，穷人的思维带宽被眼前的危机占满了，他们没有多余的空间来考虑长远。

他们每天疲于奔命，脑海中只剩下两个问题："今天睡哪儿"和"今天吃什么"。因此，一切行动和决策只是为了解决今晚的一张床和一顿饭。

对于基本没有受过太多教育的底层穷人来说，很难实现你口中的改变命运。就像你对着一个快要渴死的人说，你要思考出路，要努力奋斗，前面不远处就是绿洲啊。

可是你知道吗？他已经快要渴死了，他没有太多力气去支撑，他的愿望是不要让他走了，如果现在这里有口井，够喝多久，他就愿意在这个一无所有的沙漠里待多久。

穷到怕的人，随便一顿饱饭，就已经足够让他满足和开心好几天。

你说，以很多人的努力程度根本不到拼天赋的地步。可有些努力，本身就已经是生命的馈赠了。

你没有那样穷过，你不会懂！

03

前两天听一个同事说，他的表哥北漂七年，有一个三岁多的儿子，前两年终于和媳妇儿在北京买了一套两居室。买房的时候，找亲戚朋友借了个遍，加上公司给外地员工购房提供的几十万低息贷款，和他们自己存的一部分钱，好不容易才凑齐了近200万的首付款。

因为要尽快把亲戚朋友的借款还掉，所以除了家里必要的日常开支，他们平日很节省，除了工作餐和推托不掉的聚会应酬，几乎不在外面吃饭，更谈不上什么旅行。加上月供一万多的房贷，他们的日子过得不轻松。

同事聊起他表哥的时候，一脸不解，北京房价那么高，以他们目前的经济条件，完全可以在老家买个大别墅了，再回来做个小生意什么的，不比他们在北京过得快活多了？

他说，你看他俩现在被一个房子绑在北京了，压力那么大，还担心哪天万一丢掉工作这么多房贷怎么办。每天一睁眼就是今天需要多少开支哪里可以省一点的日子，过着还有什么意思？

我问同事，那你表哥跟你说为什么不回去吗？我同事无奈地笑笑，现在他是北京人了呗。我跟着笑了笑，对啊，还有那么多人在北京漂着，他们多么渴望有一天也能在那个城市留下来成为北京人。你表哥一家虽然过得辛苦，可总归求仁得仁了。

你没有一颗闯荡的心，也不曾有一种能在一线城市落地生根的本事，你不会懂！

04

2016 年 3 月，"成长八卦协会"晒出"国民老公"王思聪在北京某 KTV 一天的消费单，每张消费单都不低于 20 万，加起来总共花费超过 250 万。

网上有很多人对此议论，有人说败家子真浪费，一顿大酒就玩出去了，250 万给穷人做福利多好啊；还有很多人问，250 万啊，怎么能在 KTV 一晚上就花出去了，怎么花的？

我记得，王思聪在他的微博里有这样一句"和自己身家匹配的消费标准"。

据称"老公"现在的个人资产是 60 亿（尽管是借了父荫），花 250 万唱歌，其实不过是占他总资产的 0.000417 罢了（且不论那家 KTV 是不是网上所说是他自家开的，他不过是利用他的公众形象在进行炒作）。在我们普通人的世界里花个几千块唱歌就很奢侈了，但在王思聪那里不过是九牛一毛。

更何况，我们根本不知道富人的消费背后隐藏着怎样的秘密：是单纯玩乐，是从中寻找商机，还是其他什么目的？根本不是普通人所能了解的。

王思聪有一句话很有名："我不在乎朋友的家世，还是要看人本身，是不是好玩、人品好，有钱没钱太不重要了。反正都不如我有钱。"

在普通人大谈如何增进有效社交、增加人脉的时候，真正的有钱人压根儿没考虑这个。

你没有那样富过，你不会懂！

·

05

在我们考虑很多事情的时候，都习惯从我们自己有限的经验出发，对未知的事情进行揣度。其实很多时候，我们的那些经验也许并不适用。比如对和你有着相同目标和想法的人来说，条条道路通罗马，这个鸡血道理也许适用。

可别忘了，有的人就出生在罗马，他们的目标可不是到罗马去，也许要去更远的地方，一个你现在压根儿想都没想过的地方，那么你的经验对他们来说就不适用了。

努力与否也是同一个道理。

对我们来说，学生时代不努力读书就是不思进取，身处社会不努力提升自我就是不思进取。可对那些穷得叮当响的人来说，学习才是不思进取，报个什么学习班还不如吃一顿好的来得实在。

在《了不起的盖茨比》里有一句话：这个世界上的人并非都具备你禀有的条件。

就像我们之所以能够在沙漠里勇敢前行，难道不是因为包里还有壶水吗？

我们知道这水还能让我们再撑上一段时间，但很多人的包里已经没有水了，但你并不知道，你还在批判和指责。

有太多你压根儿都没有机会去深入了解的人和事，坐在自己身旁的同学、同事经历过什么，他们为什么会突然放弃原本很好的工作，他们为什么天天在上课的时候打瞌睡，更别提那些跟你几乎没有任何交集的陌生人了。

我记得《月亮和六便士》中写道：

面对地上的六便士，和夜空中最美的月亮该如何选择。当你低头捡六便士的时候，也许你拥有了物质的财富，但你却错过了观看到最美月亮的机会；当你抬头看着月亮，用画笔画下月亮独一无二最美的样子时，也许这幅画的价值是六便士的一万倍。

对那些口袋里还有钱的人来说，或许会选择后者；对那些已经口袋空空的人来说，他们根本看不到月亮有多美。

不同的人会做出不同的选择，你能选择欣赏明月，只能说你幸运。

在各个阶层成长起来的人有太多太多，任何路子都有各自存在的道理，在考虑选择的不同时，多去想想约束的不同。

对于我们不了解的群体和生活，多一分敬畏或感恩吧。

这个世界已经不缺批判辱骂，不缺弱肉强食，缺的是独立思考和理解宽容。

以上，与君共勉。

图书在版编目（CIP）数据

余生太短，要和有趣的人在一起 / 麦子熟了主编 .
-- 北京：北京联合出版公司，2017.3
ISBN 978-7-5502-9818-7

Ⅰ . ①余… Ⅱ . ①麦… Ⅲ . ①人生哲学－通俗读物
Ⅳ . ① B821-49

中国版本图书馆 CIP 数据核字 (2017) 第 031568 号

余生太短，要和有趣的人在一起

项目策划	紫图图书 ZITO®
监 制	黄 利 万 夏
主 编	麦子熟了
责任编辑	孙志文
特约编辑	宣佳丽 路思维 张 秀
内文插画	annie.z 邦乔彦 阳阳阳 木言 十四 徐鸿儒
	白熱灯 JOA Yelena Bryksenkova Noh .A
	Willian Santiago Xuan loc Xuan Đốm Đốm
	Milica Golubovic
装帧设计	紫图图书 ZITO®

北京联合出版公司出版

（北京市西城区德外大街83号楼9层 100088 ）

北京瑞禾彩色印刷有限公司印刷 新华书店经销

100千字 880毫米×1280毫米 1/32 7印张

2017年3月第1版 2017年3月第1次印刷

ISBN 978-7-5502-9818-7

定价：45.00元